海はどうしてできたのか

壮大なスケールの地球進化史

藤岡換太郎　著

ブルーバックス

装幀／芦澤泰偉・児崎雅淑
カバー写真／ Chris Newbert/Minden Pictures/アフロ
図版／さくら工芸社
本文デザイン／土方芳枝

はじめに

海辺に佇んで夕日が沈むのを見ていると、赤々と燃えるような色に染まった海と陸と空が三位一体となって、荘厳な風景を描きだします。そのようなとき、私の頭のなかでは決まって、ドボルザークの「新世界より」が奏でられます。それは私にとっては、遥かな過去に思いを向かわせ、また、無限の未来への想像をかきたてられる調べです。

やがて陽がすっかり落ち、あたりが薄暗くなると、月が昇り、星が輝きだします。海面には月の影が細長く揺れています。過去と未来を想起させる「新世界より」に、浜辺に打ち寄せる波の音が絶妙なハーモニーとなって重なります。すると、この潮騒は何十億年も前からこうして繰り返されてきて、これからも鳴りつづけるのだということにあらためて気づき、なぜか心の安らぎを覚えるのです。私という存在、人間という存在のすべてが、大いなる海に抱かれていることを確認できるからなのでしょうか。

京都に生まれ育った私は、子供の頃は夏休みによく若狭湾に出かけて、飛び込みをしたり、海に潜って魚や貝を獲ったりして遊びました。当時の私は潮騒の音を聞きながら、この海の向こうはどこにつながっているのだろう、遠くのほうの海はどれほど深いのだろう、海の水はなぜ塩からいのだろう、そして、海はいったいいつ、どのようにしてできたのだろう、などということを、いつも考えていたものでした。

そうした疑問にみちびかれるように、成長してからは海を専門とする地球科学を研究するようになりました。観測船に乗って、1000日以上も海の上で過ごし、水深6500mまで潜れる潜水調査船「しんかい6500」などで計59回も深海を潜航しました。いつのまにか海は私にとって仕事場となり、さらにいえば人生そのものになっていたのです。

子供の頃に抱いた疑問は、いまでは大分わかってきました。たとえば、海は遠くのほうほど浅くなっていることを知ったのは驚きでした。そして、海が現在のような姿になるまでには、大気や陸、そして生命とのほとんど奇跡ともいえる絶妙の相互作用があったことを知り、深い感動を覚えました。私は2012年にブルーバックスから上梓した『山はどうしてできるのか』という本で、山を本当に理解するには海を知らなければならないことを述べました。海を理解するにも、大気や陸や生命、ひいては地球そのものの成り立ちや、それらがどのように進化してきたのかを知る必要があるのです。今回、この本を書いてみて、あらためてそのことを痛感しました。

本書はこうした私の半生で得た海の知識から、みなさんにもぜひ知っていていただきたいことを、悠久の時間のなかで海が現在のような姿になるまでのプロセスを主軸にして盛り込んだものです。地球スケールでの、壮大な「海の事件史」を楽しむつもりで、気軽に読み進めていただければ幸いです。

ただし、海には気楽に考えるわけにはいかない問題もあります。それは、海がこれからも永遠にありつづけるのかどうか、という懸念です。いまの私には問題提起することしかできないのですが、将来、わたしたちの子孫が直面するテーマとして、本書の終盤で紹介しています。

地球が「水の惑星」とよばれるのは、もちろん青い海があるからです。そして海があるからこそ、地球は現在わたしたちが知るかぎり宇宙で唯一の、生命を育む惑星となったのです。海を仕事に選んだ者として、本書によってみなさんがよりいっそう、海を愛する気持ちを強くもっていただければこれに過ぎる喜びはありません。

ところで、この「ブルーバックス」というシリーズの名前は、1961年に人類初の宇宙飛行に成功したロシアの宇宙飛行士ガガーリンが残したと伝えられる「地球は青かった」という言葉からとって「青」、つまり「ブルー」を冠したものなのだそうです。それはいうまでもなく、海の色です。私がこのシリーズから海の本を出すことの、不思議な縁を感じずにはいられません。

平成25年元旦　駿河湾から富士の高嶺を眺めるクルーズに乗船しながら

藤岡換太郎

海はどうしてできたのか●目次

第3部 海水の進化

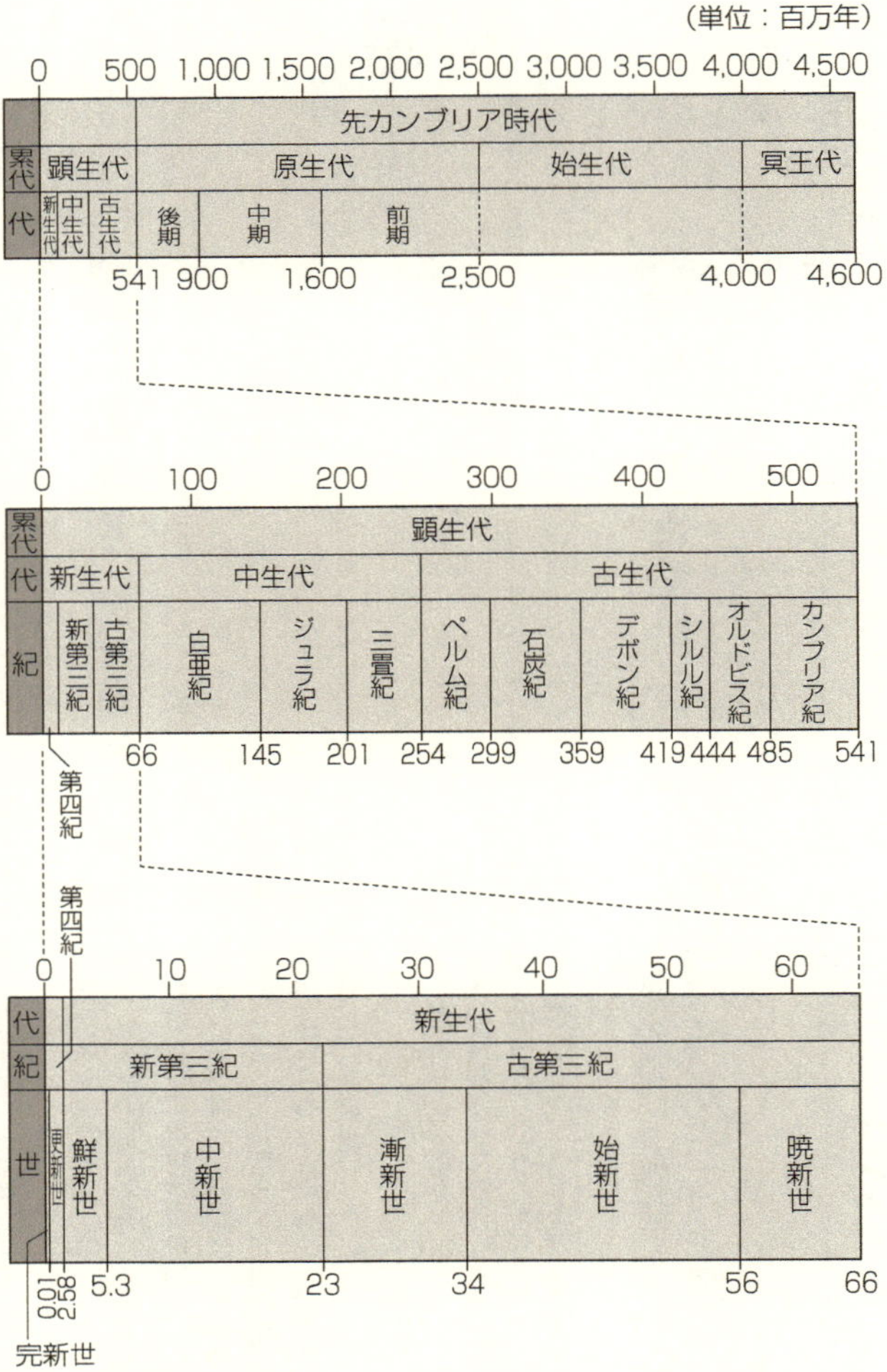

地質時代区分表
人類による記録が残されていない時代を地質時代という。このうち生物の化石が多く発見される時代を顕生代、それ以前を先カンブリア時代という。

第1部 原始の海

そこで神が、「大水の間に一つの大空ができて、大水と大水の間を分けよ」と言われると、そのようになった。神は大空を造り、大空の下の大水と大空の上の大水とを分けられた。神は大空を天と呼ばれた。神はそれを見てよしとされた。こうして夕あり、また朝があった。以上が第二日である。

そこで神が、「天の下の大水は一つのところに集まり、乾いたところが現れよ」と言われると、そのようになった。神は乾いたところを地と呼び、水の集まったところを海と呼ばれた。神はそれを見てよしとされた……。以上が第三日である。（中略）

そこで神が、「水には生き物が群生し、鳥は地の上に、天の大空の表を飛べよ」と言われると、そのようになった。神は大きな海の怪物と水の中に群生するすべての種類の泳ぎ回る生き物、さらに翼あるすべての種類の鳥を創造された。神はそれを見てよしとされた。そこで神は彼らを祝福して言われた。「ふえかつ増して海の水に満ちよ。また鳥は地に増せよ」と。こうして夕あり、また朝があった。以上が第五日である。

（『旧約聖書』「創世記」より）

この世のはじまり、つまり宇宙や地球がいつ、どのようにしてできたのかについては、誰しも強い関心を持っていることでしょう。そのため昔から洋の東西を問わず「宇宙創生」についてのさまざまな神話や伝説が生まれてきました。『旧約聖書』にも「創世記」という一章があって、神がこの世をつくる話が記されています。それによると、この世はわずか6日間でできたのだそうです。翌日の7日目は神様がお休みになったようで、安息日《あんそくにち》（Sabbath）と呼ばれています。大学などで使われる「サバティカル」という言葉はここからきています。

フランスの画家ゴーギャンは晩年、タヒチで暮らした折にたくさんの作品を残しています。そのうちの一つに、さまざまな人間の誕生から死に至るまでの歴史を一枚の絵に表現したものがあり、それは彼の「遺言」であるともいわれています。その絵の題名はこうつけられています。

わたしたちはどこからきたのか　D'où venons-nous?
わたしたちはなにものなのか　Que sommes-nous?
わたしたちはどこへいくのか　Où allons-nous?

この長ったらしい題名は、人間にとって基本的な問いであるといえます。わたしたちは誰しも幼い頃、一度はこのような疑問を持ったのではないでしょうか。人間が科学を始めた目的の一つも、このような問いに答えることだったのでしょう。

本書のテーマである「海のはじまり」も、この問いと密接に結びついています。わたしたちはいま知られているかぎり、宇宙の中で唯一の生命です。そして生命が生まれるためには、地球が「水の惑星」でなければなりませんでした。つまり地球が、わたしたちが知るかぎり唯一の「海」を持つ天体だったからこそ、わたしたちはこの世に生まれることができたのです。海のはじまりを知ることは、ゴーギャンの問いにひとつの答えを与えることでもあるのです。

「地球カレンダー」で海の進化を見ていく

海がどうしてできたのかを知るためには、地球自身のはじまりと、その進化の過程を知らなければなりません。地球はいまから46億年ほど前にできあがりました。そして海も、地球史的な長い時間スケールで見れば、地球ができあがってからほどなくして誕生しています。

しかし、それは現在の海とは似ても似つかぬ「原始海洋」ともいうべきものでした。本書はこの原始の海ができあがり、わたしたちがいま当たり前のように知っている海の姿になるまでの、海の誕生と進化のありさまを見ていくものです。

その過程には、さまざまなできごとがありました。ときには海の様相が一変してしまうほどの「大事件」も起きています。しかし、これらの事件に関与したのは、海自身だけではありませんでした。大気と、陸と、そして海から生まれたわたしたちの祖先である生命も、海の変化に大きく関わっているのです。

本書ではこの、およそ46億年という気の遠くなるような長い時間におよぶ海の進化史を感覚的にとらえるために、「地球カレンダー」という物差しを使って記述していきます。これは46億年を「1年」に置き換えて、各年代を「日付」で表すものです。「地球カレンダー」によれば、地球のはじまりは「1月1日」、そして現在は「12月31日」の大晦日《おおみそか》ということになります。

初めてこのような時間のとらえ方をしてみせたのは、天体物理学者のカール・セーガンでした。彼の場合は137億年の「宇宙」の歴史を1年に置き換える「宇宙カレンダー」という手法を、1977年に出版した『エデンの恐竜』という本の中で試みています。セーガンはまた、生命が誕生してから進化の過程を経て人類が登場するまでのさまざまな生物の消長を、およそ1分間のアニメ映画にも表現しています。

地球史を1年に置き換える「地球カレンダー」については、ドイツの地質学者ドン・アイヒラーが『地質学的時間』という著書の中で用いたのが最初です。1975年のことでした。そこでは、恐竜が何月何日に生まれ、何月何日に滅んだというように、地球に起こったさまざまなイベントが日付に置き換えられて示されています。こうすることで、それぞれの出来事の時間的な距離感がわかりやすくなるわけです。

46億年を「1年」と換算すると、「1ヵ月」は約3億8000万年、「1週間」は約8800万年、「1日」は約1260万年、「1時間」は約53万年、「1分」は約8800年、そして「1

秒」は約１４６年になります。地球カレンダーでいまから「１秒前」は、日本では江戸時代の末期、徳川幕府15代将軍慶喜が政権を朝廷に奉還した「大政奉還」の頃にあたります。

ではこれから、セーガンやアイヒラーにあやかり、海の誕生と進化の歴史を地球カレンダーに置き換えて見ていくことにします。ただし、ひとつお断りしておきたいのは、地球史の古い時代のできごとに関しては、年代測定の精度その他の事情によって、研究者の間で必ずしも一致しているわけではないということです。正確なカレンダーをつくるだけの素材がそもそも少なく、また、十分には見つかっていないのです。したがって、今後、新しい発見があればカレンダーの日付が変わることもありえます。そのことは頭に入れておいてください。

I 1月1日 地球の創世記

海の進化史をたどる地球カレンダーの「元日」は、地球誕生です。海がどうしてできたのかを考えるにあたってはまず、海をいだく地球そのものの成り立ちを知ることが重要になってくるからです。

地球がどのようにしてできたのかについては、古い時代からさまざまな考えが出されてきました。しかし現在もなお、万人が納得する物語はできあがっていません。いまだに多くの人たちが研究を続けているテーマなのです。ここでは最近、かなり多くの人たちから妥当であろうとされている考え方を紹介します。

太陽の誕生

地球誕生を考える前提として、地球ができる以前、つまり地球カレンダーが始まる前の宇宙の様子を、少しだけ見ておきましょう。

宇宙はいまからおよそ137億年前に、「ビッグバン」と呼ばれる想像を絶する大爆発によってできたとされています。「この世」の開闢《かいびゃく》です。

最初の宇宙は、もっとも単純な元素である水素やヘリウムなどからできていました。それらがたくさん集まって、第1世代の星（恒星）ができていきます。星は太陽くらいの大きさになると、その内部の温度や圧力が途方もなく大きくなって、その内部で巨大な原子炉のように核融合反応が起こり、軽い元素から順々に、重い元素がつくられ、鉄までの元素がここで形成されます。

やがて星は膨張して赤色巨星となり、さらに超新星となって大爆発が起こり、鉄より重い元素が合成されて宇宙空間に飛び散ります。それらの星間にある物質は、再び集まって、やがて第2世代の星をつくります。これらの星はやや重い元素を含んでいました。次に同様にして、第2世代の星が爆発し、その残骸が集まって第3世代の星が誕生します。

わたしたちの太陽は、第3世代の星です。

「太陽系の起源」諸説

地球がどのようにしてできたのか、という問いは、太陽の周囲を8個の惑星がめぐる「太陽系」がどのようにしてできたのか、という問いでもあります。これに関しては、古くから多くの人たちによって、あたかも万華鏡のようにさまざまな考えが提出されてきました。いまのわたしたちから見れば荒唐無稽《こうとうむけい》なものもありますが、みなさんはふれる機会も少ないと思いますので、ここで、それらを少し振り返ってみましょう。

●星雲説

最初に登場したのが「星雲説」という考えでした。有名なところではアンドロメダ星雲がありますが、星雲とは星の集団が大きな渦巻き状の構造を形成しているものです。

星雲説は「ラプラス変換」で有名な数学者のピーエル・シモン・ラプラスと、哲学者のイマヌエル・カントが提唱したもので、「カント－ラプラス説」ともいわれています。『純粋理性批判』などで名高いカントは、哲学の道に進むまでは物理学や天文学などを研究していたのです。発表されたのは1796年のことでした。

これは、宇宙空間で星と星の間にある星間物質が、星雲のように回転しながら次第に凝縮していき、その中心に太陽が、そして外側に、順番に現在の惑星ができたとする考え方です。地球は太陽から3番目の軌道において、星間物質が凝縮してできたというわけです。
もっとも古い説でありながら、基本的には現在の考え方にかなり近いものです。

●潮汐説

20世紀に入ってすぐ、天文学者のジェームス・ジーンズは、太陽とその近くを通る恒星が太陽系をつくったという「潮汐説」を唱えました。これは、地球と月の潮汐作用のように、太陽の近くを大きな恒星が通ったときに、両者の間に巨大な潮汐作用が起こったとする考え方です。大きな恒星の側に太陽の側の物質が引き寄せられ、それが太陽から離れて、細長いフィラメントのようなものをつくったというのです。それがさらに引っ張られて長く伸び、やがていくつかの塊に分かれ、それらが現在の太陽系の惑星になったというわけです。

潮汐説は一時は有力視されましたが、太陽から引き寄せられる物質は大部分が水素などのガスで、惑星を形成する岩石とはなりえないことから、やがて否定されていきました。

●微惑星説

1905年、天文学者のフォレスト・モールトンとトーマス・チェンバレンは、「微惑星説」を唱えました。これは潮汐説とよく似た考え方です。太陽のコロナはつねに爆発していますが、大きな星が太陽に近づいたときにコロナが引っ張られて、その後、ちぎれて冷却し、固まって塊をつくったとするものです。それらの塊が微惑星となり、さらに集まって惑星になったとしています。潮汐説との違いは高温を起源としている点ですが、やはり同様の問題点があります。

●衝突説

１９２０年代、天文学者のハロルド・ジェフリーズは、太陽と恒星が正面衝突することによって太陽系の星ができたとする「衝突説」を考えました。潮汐説では恒星が太陽の近くを通るときに太陽から物質の剝離が起きたと考えましたが、いっそのこと恒星が太陽にぶつかったらどうだろうと考えたのです。ぶつかって飛び散ったものがそれぞれの惑星になったというわけです。

●連星説

この説は１９３５年にヘンリー・ノリス・ラッセルによって提唱されました。ラッセルは「ヘルツシュプリング－ラッセル図」という温度や色によって星を分類する方法を考えた有名な天文学者です。彼は太陽とその連星という、２つの星が連れ立って存在しているところに、別の星が近づいてきた状態を考えました。このとき、連星のうち暗いほうの星（伴星）が、近づいてきた星に引っ張られ、フィラメントのように伸びて結果的に太陽系の惑星になるという説です。やや潮汐説に似ています。

●分裂説

ロス・ガンが提案した、速く回転している星に別の恒星（太陽）が遭遇したという考えです。速く回転している星は壊れる寸前の状態にあるので、近づいてきた星の潮汐作用が大きいと、星の成分が分裂して惑星になるという考えです。

●ケフェウス説

ケフェウス座のデルタ星のような変光星（明るさが変化する星）に、別の恒星が接近することで分裂して惑星ができるとする考え方で、A・C・バーネルジによって提案されました。分裂説と似ています。

●星雲—雲説

カール・フリードリヒ・フォン・ワイツゼッカーが提唱した説です。巨大な星雲の中に太陽が入り込んでいき、星雲の物質を太陽の引力で集めて、太陽を含む大きな雲の円盤をつくり、その中に惑星ができたとする考え方です。衛星も同様であると考えました。

●ホイルの連星系

1957年に『暗黒星雲』というSF小説を書いたフレッド・ホイルは、連星系を考えていました。連星のうちの一方が爆発することによって、太陽系ができるのではないかという説です。

これらのほかにも、力学的な説明ではなく電磁力を考えに入れる「電磁説」や、超新星の爆発によって星ができるとする「新星説」など、さまざまなアイデアが出されました。しかし、これらは太陽系や地球のもつ物理的・化学的性質のすべてを説明することができず、現在ではほとんど否定されています。宇宙空間に人類が実際に行ったり、観測したりすることができなかった時代は、想像や机上の理論に頼るしか考える方法がなかったのです。

しかし、1961年、ロシアのユーリー・ガガーリン少佐が「地球は青かった」という有名な言葉を残して人類初の有人宇宙飛行に成功して以来、さまざまな探査機が宇宙空間で観測を行った結果、太陽系の起源についてもそれまでより格段にくわしいことがわかってきました。その結果、現在では次のような考え方が主流になっています（図1－1）。

①およそ46億年前、巨大な分子の雲が重力によって収縮を始め、周囲のガスを集めて回転する円盤を形成します。円盤の中心部には多くの物質が集まり、それらもまた重力によって収縮して、原始太陽が形成されます。

②原始太陽の中心部の温度はすでに1500℃以上になっています。やがて分子の雲や円盤状のガスは冷却し、その中の氷や固体の微粒子が集まって直径10㎞ほどの微惑星ができていきます。微惑星は太陽に近いところでは岩石が、太陽から遠いところでは氷が主体となっています。

③これらの微惑星は、衝突を繰り返しながら徐々に合体して大きくなっていき、やがて原始惑星が形成されます。地球ができたあたりの周辺では、100億個以上もの微惑星が互いに衝突していたと考えられます。

④原始惑星はさらに衝突・合体を繰り返し、ついに8個の惑星ができあがります。このうち太陽

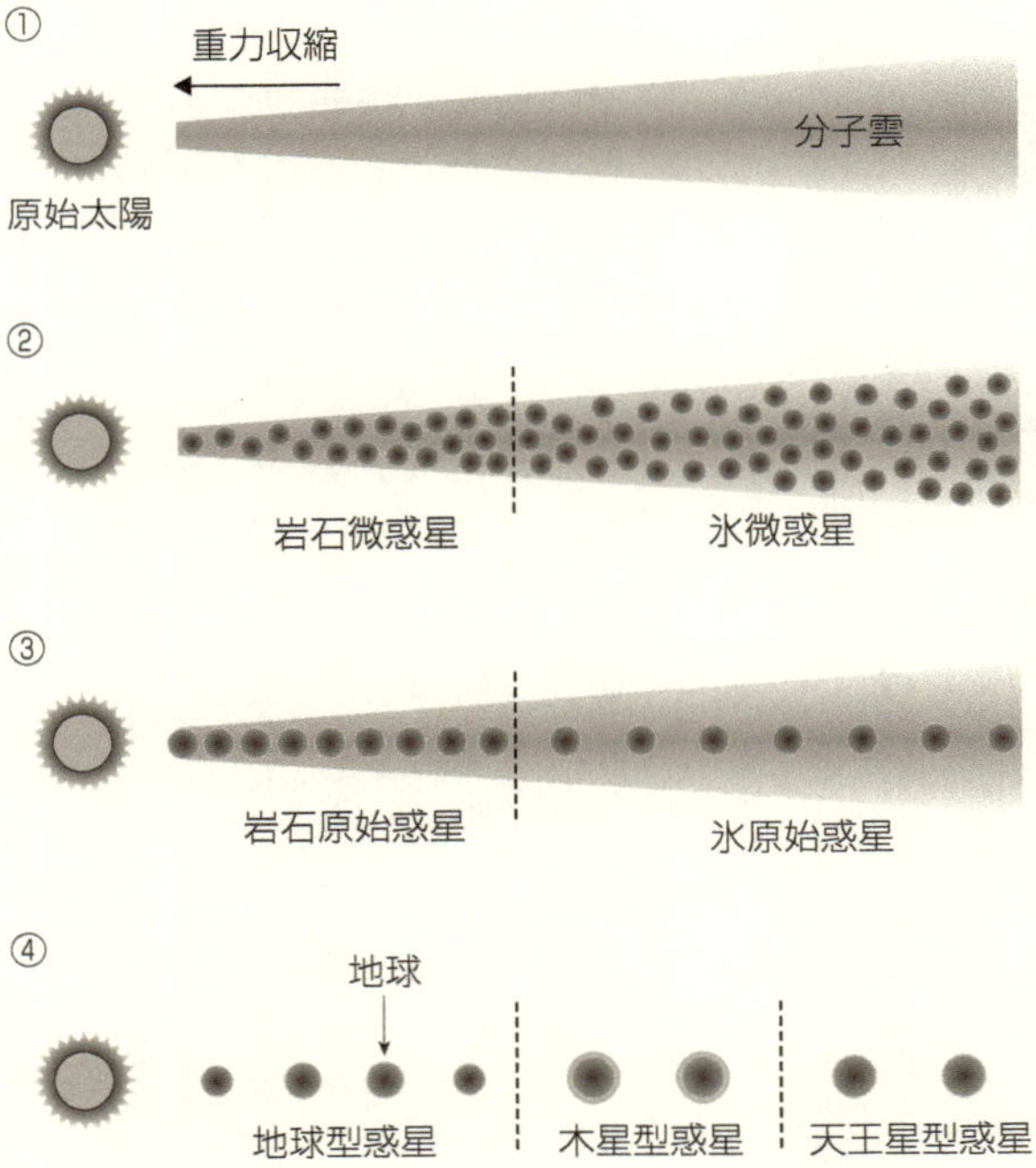

図1－1　太陽系の形成シナリオ
①分子雲やガスの回転円盤が重力によって収縮して原始太陽ができる。
②原始太陽の周囲を回転する分子雲やガスが集まって微惑星ができる。
③100億個以上の微惑星が衝突・合体を繰り返し、原始惑星ができる。
④原始惑星が衝突・合体を繰り返し、8個の惑星ができる。

に近い水星、金星、地球、火星は岩石からできていて、地球型惑星あるいは岩石型惑星とも呼ばれています。

「地球の年齢」をめぐって

こうして太陽系ができあがりました。次に、地球はいつ、どのようにしてできたのかを少しくわしく見ていきます。

地球はいまから約46億年前に、太陽系の第三惑星として誕生したとされています。地球カレンダーでいう「1月1日」です。しかし、約46億年前が地球の「元日」であることは、どのようにして決められたのでしょうか。

実は、私が小学校のころには、地球は約20億年前にできたとされていました。米国の有名な女性海洋生物学者レイチェル・カーソンが書いた『われらをめぐる海』（1951年刊行）でも同じような年代で語られています。地球の年齢を調べるには、地球上の岩石の年齢を片っ端から測定してもっとも年代の古いものを見つければよいわけですが、それがきちんと確定されたのは意外に最近のことだったのです。

地球の年齢に関しても、昔からさまざまな説がありました。中世から近世にかけての時代はキリスト教の縛りが強かったために、化石とはノアの洪水で死んだ生物であるといった類の考えが踏襲されていました。17世紀、アイルランドの司教であったジェームズ・アッシャーは、紀元前4004年に天地創造が起こり、紀元前2348年にノアの洪水が起こったと推定しました。

その後、近代的な物理学が発達するとともに、「高温起源説」が有力な説として支持を集めます。地球の起源は高温の火の玉（ガスの塊）であって、それがやがて冷却して、液体と固体からなる地球ができたとするものでした。

一方では、低温のガスや固体が出発物質であると考える「低温起源説」もありましたが、高温起源説のほうがはるかに優勢でした。

高温起源説にもとづき、高温の鉄が冷える実験をして地球の年代を決めようとしたのが、絶対温度の単位（ケルビン）にその名がついたことで知られるウイリアム・トムソン（ケルビン卿）でした。1862年、彼は鉄の冷却速度から推測して、地球の年齢を短くて2000万年、長くても4億年を超えることはないと見積もりました。アッシャーの4004年よりはずっと長くなったとはいえ、それでも現在いわれている46億年とは大きな開きがあります。これは、当時はまだ、地球のある重要な性質について知られていなかったからでした。

19世紀の終わりから20世紀の初めにかけて、ウイルヘルム・レントゲンによるX線の発見、アントニー・ベクレルやマリー・キュリー夫人らによる放射能の発見が、それまでの考え方を一変させました。地球は冷却していく一方ではなく、地球自身が熱源を持っていて、暖められていることがわかったのです。熱源とは、放射性元素の崩壊熱です。つまり、冷却速度で地球の年齢を割り出すことはできないのです。こうして、高温起源説にもとづく年代測定法は葬り去られてしまいました。

岩石より古い「石」があった

しかし放射能の発見は、それまでの測定法を否定しただけではなく、結果的には「決め手」というべき新たな方法を確立します。それが、放射性元素の崩壊または壊変の年代を尺度にして測定する「放射年代測定法」です。

たとえばウラン238という元素は、アルファ崩壊とベータ崩壊という崩壊によって、最終的には鉛の206という元素になって安定します。そうなると、もう崩壊・壊変は起こりません。そこに至るまでの変化は、周辺の温度や圧力などとは関係なく、つねに一定の速度で進行していきます。つまり、絶対的な時間の尺度として使えるのです。1gのウランの半分の0・5gが鉛になるのには、45億年かかります。したがって、ウランを含む岩石を見つければ、ウランの重さと鉛の重さを測ることで、その岩石の絶対年代が決められるのです。

これを利用して、古い岩石の年代測定が手当たり次第に行われました。その結果、40億年あるいは42億年という年代の岩石が見つかりました。地球はそれまで考えられていたよりもかなり歳

放射性同位体	半減期	崩壊してできる同位体
^{238}U（ウラン238）	45億年	^{206}Pb（鉛206）
^{235}U（ウラン235）	7億年	^{207}Pb（鉛207）
^{87}Rb（ルビジウム87）	488億年	^{87}Sr（ストロンチウム87）
^{40}K（カリウム40）	13億年	^{40}Ar, ^{40}Ca（アルゴン40, カルシウム40）
^{14}C（炭素14）	5730年	^{14}N（窒素14）

表1－1　放射年代測定に利用される放射性同位体

をとっていることが、ようやくわかってきたのです。現在、地球上でもっとも古い岩石は、約44億年前のものとされています。ならば、地球の年齢は約44億歳と決めてよさそうに思われました。ところが、実はそうではなかったのです。

ここまで「岩石」と言うとき、それは地球でつくられた岩石を意味していて、宇宙から飛来した「隕石」は含めていませんでした。放射年代測定法が確立されてから、隕石の年代測定も岩石とは別に進められていましたが、その結果、最古の隕石の年代は約46億年であることがわかりました。最古の岩石よりも、隕石のほうがさらに古かったのです。

その後もたくさんの隕石の年代が含まれているウランに注目して測られましたが、得られた年代はすべて誤差の範囲で、45・5億年ないしは46億年という年代を示しました。このことから地球の起源に関する研究も進み、原初の地球は隕石が集合してできたという考え方が主流になってきました。始原物質が隕石であるならば、その年代が決まれば、地球の年代も決まります。

こうして現在では、地球の年齢は45・5億年から46億年と考えられているのです。本書の地球カレンダーでは、これを約46億年とみなして、「元日」を設定しているわけです。

「隕石の雨」が地球を大きくした

地球の年齢を追い求めていくことで、地球がもともとは隕石の集合体であったことが明らかになってきました。では、なぜ隕石は地球を形成するまでにたくさん集まったのでしょうか。

実は、これに関してはいまだに定説はないのですが、およそ次のようなことが起きたのではないかと考えられています。

太陽系の3番目の軌道にあたる位置で、宇宙の塵《ちり》などが集まって、次第にたくさんの塊（微惑星）をつくっていきます。塊どうしは衝突、合体を繰り返すうちに次第に大きな微惑星になっていきます。やがて火星くらいの大きさになると、その引力によって、周辺にあった小さな微惑星である隕石が引きつけられるというわけです。

それは、現在のわたしたちはまず目にすることはない、大量の隕石の地球への落下でした（図1－2）。雨あられのような隕石が次々に地球に衝突し、合体していくことで、雪だるまにぶつけた雪がくっついていくように地球はどんどん大きくなっていきました。こうして、現在のサイズの地球の原型ができたと考えられています。

図1－2　隕石の重爆撃　画像提供：JAMSTEC

これが地球誕生について、現在もっとも多くの人に支持されているシナリオです。地球カレンダーの「元日」は、およそこのようなものだったのです。

しかし、地球ができてから6億年ほどの間、地球カレンダーでいえば2月上旬までについては、当時のことを推測できる情報がほとんどありません。いわば「冥界」つまり「あの世」のようなものなのです。だから地球科学では、この時代を「冥王代《めいおうだい》」と呼んでいます。地球科学の「黄泉《よみ》の世界」ともいえます。この冥王代に地球ができ、海洋や大気、陸など、多くのものができあがっていきました。冥王代はまさに、聖書の創世記に相当します。

「最初の海」マグマオーシャン

さて、できあがったばかりの地球には、隕石が重爆撃のように降りつづけていました。ものが衝突したときには、熱が発生します。頭を誰かの頭とぶつけると熱く感じるのを体験されたことがあるでしょう。硬い隕石が地球に衝突したときも同じです。しかも、それは非常に大きな熱でした。この熱によって、やがて地球はその表面から溶けはじめるのです。

表面から2000~3000kmくらいの深さまでが溶けたと考えられています。現在の地球の半径は6400kmですから、おそるべきことに3分の1から半分に近い深さまでが溶け、ドロドロのマグマになっていたのです。マグマとは、溶岩などの「火成岩」のもとになる、溶鉱炉で真っ赤に溶けた鉄のようなものです。

そして、この大量のマグマが地球の表面すべてを取り巻いて、「マグマオーシャン」を形成したと考えられています。「海」を「液体で満たされたもの」と定義するならば、マグマオーシャンこそが地球にできた「はじめての海」だったのです。

実はこうした考えは、月の研究から生まれたものです。

満月の日に月を眺めると、月には白っぽくて地形的に高い部分と、黒っぽくて地形的にやや低い部分があるのが、地球から肉眼でもわかります。高い部分は「陸」に相当し、低い部分は「海」と呼ばれています。

白っぽい「陸」の部分をつくっている岩石は「斜長岩《しゃちょうがん》」と呼ばれる、斜長石からなる軽い岩石です。月のこのような構造は、かつて月がドロドロに溶けたことがあり、そのとき軽い斜長岩が表面に浮いて、のちに固まったものと考えなければ説明がつきません。つまり、月にはかつて「マグマの海」があったと考えられるのです。マグマオーシャンは、この考え方を地球にも応用したものです。

地球のマグマオーシャンは「コマチアイト」と呼ばれる黒緑色の岩石が溶けたものからできていたと考えられています。みなさんにはあまりなじみのない名前だと思いますが、コマチアイトは実は地球に衝突した隕石の、石の部分が融解してできたもので、地球内部でマントルをつくっている「かんらん岩」と、現在の海の構造をつくっている「玄武岩《げんぶがん》」の中間のような成分を持つ岩石です。

玄武岩よりもマグネシウムの含有量が多く、珪酸《けいさん》（SiO_2）が少ないことから、隕石の石の部分が融解してコマチアイトとなる温度は、玄武岩が溶ける温度（1100℃）よりはるかに高い1600℃くらいであることが、実験的に確かめられています。隕石衝突によって生じる熱はそれほど大きかったのです。隕石が部分的に少しずつ溶けてコマチアイトマグマになり、やがて「海」となって、次第に地球の表面全体に広がっていったと考えられています。

実はコマチアイトは、地球の歴史ではマグマオーシャンができたこの時期のほかには、ほとんど出現していません。このあとは地球の温度はどんどん下がっていきます。きわめて高温でしか存在できない岩石、コマチアイトが存在していたことが、原初の地球がマグマオーシャンの状態だったことの証拠にもなっています。

地球の成層構造とマグマオーシャン

マグマオーシャンが存在したことの証拠としては、地球が成層構造になっていることもあげられます。地球は外側から、磁気圏、大気圏、水圏、岩石圏などによって順々に覆われた、同心円状の構造（成層構造）をしています。「固体」としての地球は岩石圏の部分です。そして岩石圏

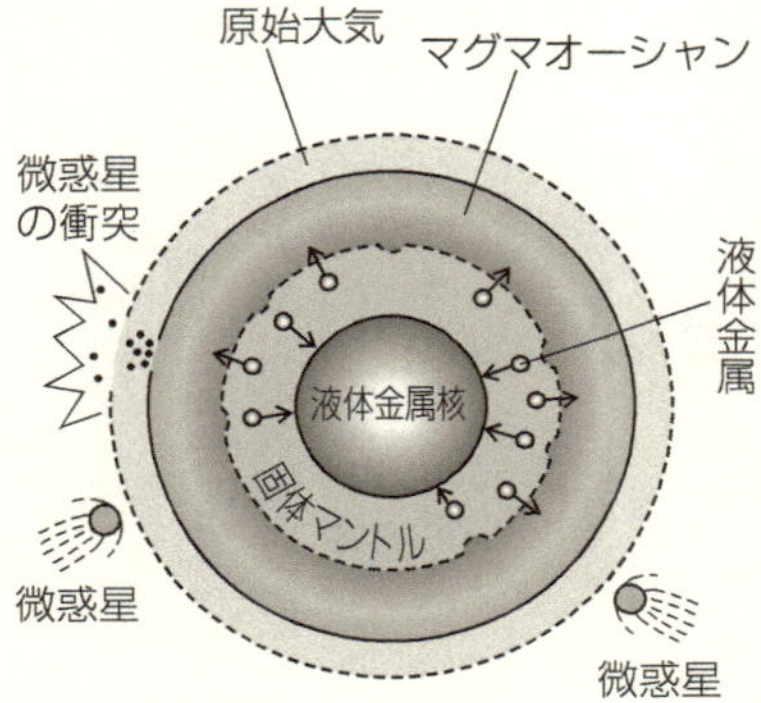

図1－3　マグマオーシャン時代の地球内部
重い物質は中心に、軽い物質は外側へと分かれていく

もまた卵のように、「殻」に相当する地殻、「白身」に相当するマントル、そして「黄身」に相当する核という3つの成層構造になっていることがわかっています。

この構造の特徴は、いわば重たい物質が中心に、軽い物質が外側に分布していることです。このような構造は地球ができたときに形成されたと考えられています（図1－3）。

地球をつくった物質である隕石には、岩石に似た隕石と、金属である隕鉄とがあります。岩石に似た隕石は、とくにマントルに含まれるかんらん岩に似ています。かんらん岩は密度が比較的大きい岩石です。また、隕鉄は、鉄とニッケルなどの金属の合金とからできています。これは岩石よりもさらに、はるかに密度が大きい隕石です。

密度が小さい物質は軽く、密度が大きくなるほど重くなることは、みなさんおわかりでしょう。密度が違う物質を液体に溶かして、容器の中で放置しておけば、やがて分離して、密度が大きいものから順に沈んでいきます。

原始の地球でも、同じことが起きたと考えられます。密度が違う物質がいったん溶けてドロドロの液状になったからこそ、中心に近い核には、隕鉄をつくっていた鉄やニッケルなどの重たい金属が濃集し、マントルにはかんらん岩が集まり、地殻にはケイ素を中心とした比較的軽い岩石が浮き上がるという構造ができあがったのでしょう。つまり、マグマオーシャンがあったからこその成層構造なのです。

こうして、地球に最初の海が誕生しました。いまの海とは似ても似つかないものですが、これが「はじめての海」なのです。地球カレンダーでは、それは「1月1日」から「1月12日」までの間にあたると考えられます。

実はこの間に、「大気」と「陸」もできています。それらも、現在のものとはかけ離れたものでした。地球をつくった隕石の中に含まれていたガスが、衝突によって噴き出してできたのが「はじめての大気」です。そして、マグマの海のところどころが冷えてできた、溶岩のかさぶたのような小島が「はじめての陸」です。

ところが、こうしてできたはじめての海も大気も陸も、「1月12日」に起こったある事件によって、崩壊の危機に見舞われるのです。

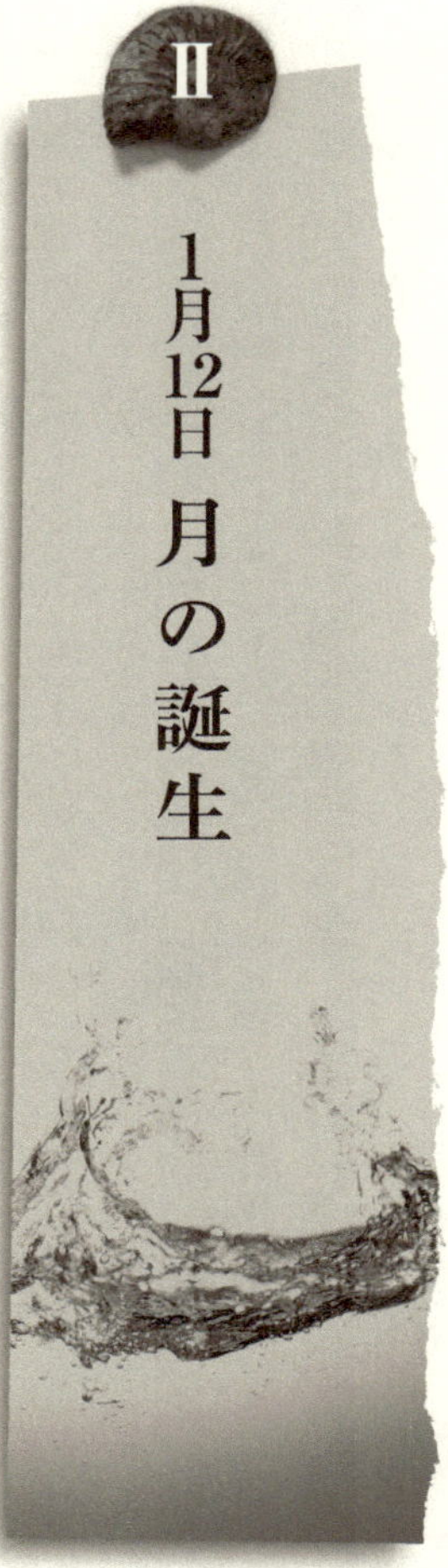

II

1月12日 月の誕生

月はどうしてできたのか

いうまでもなく、月は地球の唯一の衛星です。わたしたちにとっては肉眼でもよく見える、もっとも親しみのある天体です。しかし、月がどのようにしてできたのかは、昔から多くの論争が繰り広げられてきた大難問でした。さまざまな説が考えられましたが、どれも問題を抱えていて、月の成因をうまく説明するのは至難の業だったのです。もちろん、ほかの惑星の衛星のでき方もそれぞれに簡単ではないのですが、いちばん身近な月がわからないことには話になりません。なかには「月が見えていることは、目の錯覚なのだろう」と苦し紛れの冗談を言う学者もいたほどです。

昔から月の成因として提唱されてきた考え方は、地球との関係において、おもに3つに分けられています。地球と月は「親子」であるとする考え方、「兄弟」であるとする考え方、そして「他人」であるとする考え方です。

「親子説」とは、月が地球から飛び出してできたという考え方です。「進化論」で名高いあのチャールズ・ダーウィンの次男、ジョージ・H・ダーウィンが1879年に唱えました。大まかに言えば、マグマオーシャン時代の地球の遠心力によって、ドロドロのマグマが宇宙に飛び出し、固まって月になった、というものです。飛び出した跡が太平洋であるとしています。『われらをめぐる海』を書いたレイチェル・カーソンは、この説を採用しています。

しかし、地球の引力を超えるほどの力で物質が飛び出すというのは、かなり難しいことだと思われます。それほど大きな遠心力ができるためには、地球はとんでもないスピードで回転していなければなりません。「親子説」は「分裂説」とも呼ばれ、ほかにもさまざまな学者から修正案が出されましたが、決定打とはなりえませんでした。

「兄弟説」とは、地球ができたのと同じように、太陽系第三軌道周辺にあった微惑星が集まって月ができたとする考え方で、19世紀後半にエドワード・ロッシュらが提唱しました。微惑星がより多く集まってできたのが地球で、少なめに集まったのが月であるというわけで、「親子説」よりはかなり自然な考え方に思われました。

しかし、1969年にアポロ11号が実際に月に行って試料を持ち帰り分析したところ、この説にも疑問が投げかけられました。月の岩石の化学組成は、地球のマントルとかなり似ていることがわかったのです。地球と月が同じ材料からつくられた「兄弟」であるならば、このように地球の一部分のみと似るというのは考えにくいことです。この説では、その説明をすることができませんでした。

「他人説」は「捕獲説」とも呼ばれ、アメリカの天文学者トーマス・ジェファーソン・ジャクソン・シーらが提唱しました。そもそも地球と月にはまったく因果関係がなく、月はいわば地球という「よその部族」に捕えられたようなものであるとする考え方です。宇宙空間を移動していた月が、たまたま地球の軌道に近づいたときに、地球の引力に捕えられ、地球の「部下」になった、というわけです。

しかし、ある天体が宇宙空間で別の天体の軌道に捕えられる確率はきわめて低いと考えられるうえ、やはり月の組成についての説明ができないため、この説も主流にはなりえませんでした。

「親子」でも「兄弟」でも「他人」でもないとすれば、月とはなんなのか？　みなが頭を抱えたときに、ある斬新な仮説が登場します。

地球滅亡の危機

天文学者のウイリアム・ハートマンとドナルド・デービスは1975年、月の成因を説明する新説として「ジャイアントインパクト説」を提唱しました。

それは、地球ができてまもない頃に、火星くらいの大きさの星（火星の直径は地球のほぼ半分）が、地球に衝突したという大胆な考え方です（図1－4）。衝突のスピードは時速10万kmともいわれます。このおそるべき衝突によって、地球の一部がもぎ取られ、衝突したほうの星もバラバラになり、それらが地球の外側を取り巻いているうちにやがて集合し、月になったというのです。この説では月と地球は「兄弟」とも「親子」ともいえます。

ジャイアントインパクト説では、地球のおもにマントルがもぎ取られたと考えることで、月の組成について説明することができます。また、「親子説」では地球の分裂を遠心力によるとするところに無理がありましたが、その点も解決します。ただし当初は、地球が完全に破壊されてしまわない程度に衝突が起きるには、衝突の角度がかなり限定されたものになり、そのような確率はきわめて小さいのではないかという反論もありました。しかし、その後の研究で、このような衝突は現実に十分起こりえることがわかり、1980年代後半には、ジャイアントインパクト説が月の成因を説明するもっとも有力な理論となったのです。最近のコンピュータシミュレーショ

図1－4　ジャイアントインパクト　画像提供：JAMSTEC

ンによる研究では、もぎ取られた地球の一部やバラバラになった星が集まって月になるには、早ければ1ヵ月で可能との見方もあるようです。

なお、ジャイアントインパクト説には、地球の自転軸が約23・4度傾いていることの理由も説明できるという「副産物」がありました。地球に季節があるのも、この衝突のおかげなのです。

地球カレンダーにおける「1月12日」の大事件は、まさに地球滅亡の危機でした。このときに地球がバラバラになり、宇宙の藻屑と消えてしまっていても、不思議ではなかったのです。「水の惑星」も、わたしたち人間も存在していなかった可能性は十分にあったのです。

誕生したばかりの月は、地球から約2万kmという近いところにあったようです。その頃の月を地球から見れば途方もなく大きく、まるでエウロパから見た木星のようであったかもしれません。その後は次第に遠ざかり、現在では月と地球の距離は約38万kmです。

地球に近かった頃の月は、非常に大きな潮汐作用を地球に及ぼしていたことでしょう。たとえば地球に水の海ができてからは、潮汐力による潮の満ち干《ひき》は現在からは想像もつかないものだったと考えられます。おそらくは大津波のような波が、毎日2回、海岸へ押し寄せていたはずです。この潮汐には、海水をよくかき混ぜて、海水の成分を均質にする役割があったものと思われます。それはのちの生命の誕生にも、大きな影響を与えていたかもしれません。

Ⅲ

2月9日 海洋の誕生

月の誕生という大危機を逃れた地球は、いよいよ海洋の形成へと向かうことになります。

マグマオーシャンというはじめての海から、水で満たされた海洋がどのようにしてできたのかについては、１９５０年代に多くの地球科学者、とくに地球物理学者が考えてきました。海を研究する海洋学者は、現在《いま》の海のさまざまな現象は取り扱うのですが、海洋がどうしてできたのかに関しては誰も言及していません。そして、これについてもさまざまな説があり、どれが正解かを決めるのはいまだに難しいところがあります。

ただ、海洋の成立と、大気や陸の成立、そして地球の内部構造の完成はほとんど同じ時期に、共通の原因でなされたことは確かだと考えられます。それは隕石の重爆撃やジャイアントインパクトがもたらした高温による始原物質の融解・揮発のあとに起きた、重力による物質の再配列でした。

「一次的な大気」から「二次的な大気」へ

まず大気に注目して、この変化をたどってみましょう。

最初に地球ができたときの大気は、現在の大気とは組成がおおいに異なっていました。はじめての大気を「一次的な大気」といいますが、それは太陽そのもののガスの成分である水素やヘリウムがすべてでした。そして、それらはなんらかの原因によって宇宙空間へ逃げ去ったと考えられています。多くの研究者が、その原因はジャイアントインパクトではないかと考えています。このとき、一次的な大気はすべて、地球から逃げ去ってしまったのです。

「二次的な大気」は、マグマオーシャンから生まれた火山活動によって、マグマがガスを放出する「脱ガス」という現象が起こり、それらのガスが徐々に上空に累積して大気を形成したと考えられています。それは地球をつくった素材である隕石の中に閉じ込められていたガスでした。

その成分は、現在の火山活動によって出てくるガスの成分とよく似ていたと思われます。たとえばハワイのキラウエア火山から放出されたガスの成分は、水素、水蒸気、二酸化炭素、一酸化炭素、窒素、アルゴン、塩素ガス、塩酸、硫黄、亜硫酸ガスなどです。ほとんどは人類にとって

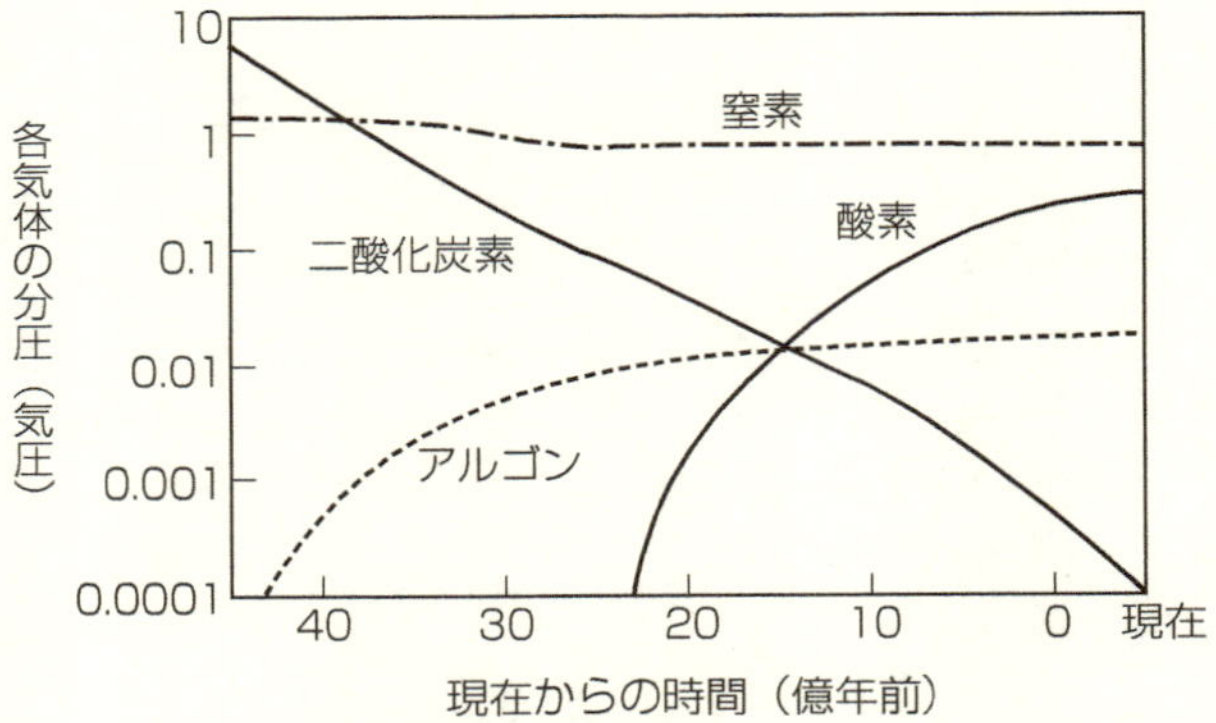

図1－5　大気の組成の歴史的変化

はおそろしい毒となるものです。わたしたちにとって欠かせない酸素は、このときの大気にはまだ含まれていませんでした（図1－5）。

しかし、高温の地球では、アルゴンなどの軽い物質や揮発性物質は、地球の引力では引き止められず、多くが宇宙空間へ逃げ去ってしまいました。地球にとどまった軽い物質は、いったんは大気を形成し、温度が低い高層で凝縮して、雨や雪、氷になります。しかし、それらが地上へ降り注ぐと表面温度が高いため、地表へ到達するまでに蒸発して、やはり宇宙空間に逃げ去ってしまいました。これは、地球の表層、つまり陸の温度が高いうちは、液体の水を満たす海はできないことを意味しています。

こうして、二次的な大気の組成にも変化が起き、やがて火山から多くの供給をうける二酸化炭素が圧倒的な比率を占めるようになっていくのです。

二酸化炭素が大気の「王者」になったところで、ひとつ、不思議な話をします。

暗い太陽のパラドックス

太陽が発している巨大な熱やエネルギーは、水素からヘリウムをつくりだす核融合反応によるものです。そのおかげで、1億5000万㎞も離れたところにある地球にも、熱や光が届けられています。ところが、太陽がまだできたばかりの冥王代の頃は、核融合反応が起こりはじめたばかりだったので、太陽はそれほど明るくなかったと考えられています。現在よりも約30％暗かったとされているのです。

もしもそのとおりなら、地球の表面温度は0℃以下になってしまう計算になります。これではマグマオーシャンどころか、地球は全球凍結してしまうことになるのです。もちろん、そんなはずはないことはわかっていますから、では当時の太陽が暗かったという前提が誤りなのではないかと考えられます。

ところが、もしも当時の太陽が現在と同じくらいの明るさだったとすると、その後の太陽の成長による核融合反応エネルギーの増大を考えれば、地球はとっくに生物など棲《す》めない灼熱地獄になってしまっている計算になるのです。

つまり、当時の太陽が暗くても明るくても矛盾が生じるわけで、これを「暗い太陽のパラドッ

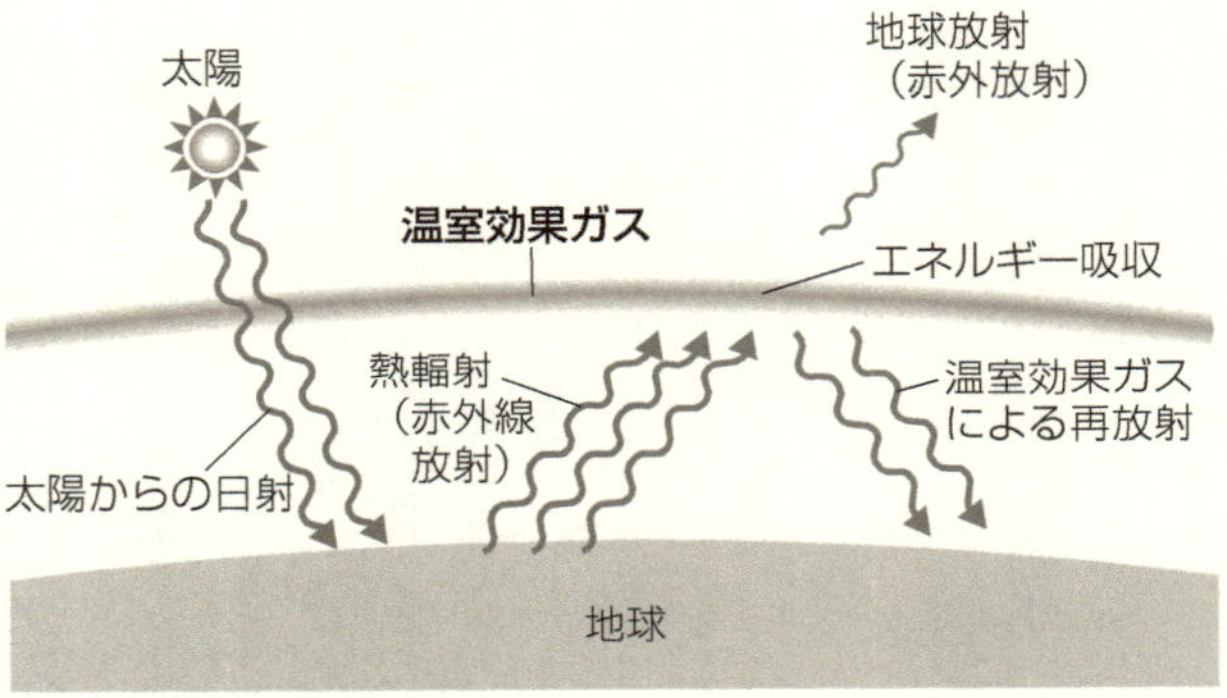

図１－６　二酸化炭素の温室効果

クス」といいます。本書のテーマ「海」にとってもこれは重大な問題で、太陽が暗かったのなら水はすべて氷（固体）となり、明るかったのならやがては蒸発して水蒸気（気体）になってしまいます。水（液体）で満たされた海は、いずれにしてもできないことになってしまうのです。

この謎を解くカギは、二酸化炭素にありました。「温室効果」（図１－６）という言葉は、みなさんもご存じだと思います。マグマオーシャンができた頃は、前述のように「一次的な大気」はすべて逃げ去ってしまって、「二次的な大気」が形成されていました。その中心をなすのは、二酸化炭素でした。現在も地球温暖化問題で槍玉にあげられているように、二酸化炭素は温室効果が高いガスの最たるものです。それが大気の成分中に圧倒的な割合を占めていたために、太陽が暗くても地球は十分に暖まって、水（液体）で満たされた海が成立することができたのだろうと考えられているのです。

ただし、もしも二酸化炭素の温室効果が当時のように大きなものだったら、その後の太陽熱の増大によって地球は超高温になり、水でできた海は蒸発していたかもしれません。そうならなかったのは、やがて二酸化炭素の大気中に占める割合が小さくなっていき、温室効果が軽減されていったからなのです（その理由はあとで述べます）。実に絶妙なバランスで、海は海でありつづけることができたのです。

陸の誕生

はじめての海、マグマオーシャンは、私の大好きなカレーを煮詰めたような状態にたとえることができます。さきほども述べたように、このマグマはコマチアイトという岩石が溶けたものでした。しかし、カレーも温度が下がってくると表面から固まってきて、固体のカレールーのような状態になっていくように、マグマオーシャンにも同様のことが起きます。コマチアイトが次第に冷えて固まってくるのです。

これが陸の誕生です。地球の表面の堅いところを「陸」と定義するならば、はじめての陸（一次的な陸）は隕石が寄せ集まって火星くらいの大きさになったときの地球の表面です。そのあとのドロドロのカレーの表面が固まったものは、「二次的な陸」ということになります。

ドロドロに溶けるほどの高温だった地球は、なぜ冷えたのでしょう。それは、宇宙空間の温度がきわめて低いからです。絶対零度に近いマイナス270℃ほどに低温であるために、時間がたつとマグマオーシャンといえども、やがては冷えて固まり、硬い岩石にならざるをえないのです。冷えたコマチアイト溶岩は次第にその厚みを増していき、やがてプレート（岩盤）が形成されて地球表面を覆っていきます。こうして、水の受け皿ができあがりました。

ただし、宇宙空間がそれほどの低温でも、地球が凍りつくことはありません。前述した、二酸化炭素の温室効果があるからです。

水の形成

地球に海ができるための条件は、着々と整ってきています。しかし、海においてもっとも肝心なものは、いうまでもなく「水」です。現在、太陽系の惑星の中で液体の水の存在が知られているのは地球だけですが、なぜ地球だけが「水の惑星」たりえたのでしょうか。地球の水は、いったいどのようにしてできたのでしょうか。

実は、水は宇宙からやってきたのです。地球が大量の隕石の衝突によってできたことは述べましたが、それらの隕石をつくる岩石や鉱物の中に水が含まれていたのです。正確には「H_2O」ではなく「OH」というかたちで含まれていて、岩石や鉱物が分解したときに、水として放出され

		金星	地球	火星
大気組成（%）	窒素（N_2）	1.8	78.1	2.7
	酸素（O_2）	−	20.9	−
	アルゴン（Ar）	0.02	0.93	1.6
	二酸化炭素（CO_2）	98.1	0.035	95.3
大気圧		95気圧	1気圧	0.006気圧
全球平均温度		460℃	15℃	−60℃
水の存在量		極微量	270気圧相当	不明
水の存在形態		水蒸気	海洋	氷（極冠,永久凍土）

表１－２　地球・金星・火星の環境の比較

ました。このように、水のもとになる物質や、有機物などを含む隕石を炭素質隕石と呼んでいます。

前述したように水星、金星、地球、火星は岩石型惑星（地球型惑星）に分類されることがありますが、これらの惑星はすべて、炭素質隕石の集積によってできたと考えられています。したがって地球だけではなく水星、金星、火星にも、液体の水があってもおかしくないのです。では、なぜ地球にだけ水があるのでしょうか。

その理由は太陽からの距離にあります。まず水星はあまりに太陽に近いため表面の温度が高すぎ、水は蒸発して水蒸気になります。しかもその半径が小さいため、水蒸気などの大気を引力でとどめておくことができず、すべて逃げ去ってしまったのです。

次に金星は、水星よりは外側の軌道にあって半径も水星よりは大きいものの、やはり太陽の熱が強烈なうえに大量の二酸化炭素が大気をつくっていて、その圧力は約95気圧、表面温度は約460℃といわれています。やはり、水は液体の状態ではとうてい存在しえないでしょう。

ところが、地球のひとつ外側の軌道を回っている火星になると、今度は太陽から遠すぎて表面温度が低くなりすぎるのです。水はあったとしても、氷の状態でしか存在できないでしょう。火星探査機で見た表面地形から、過去には火星にも豊富な水があったと考えられていますが、現在は少なくとも地表にはまったくみられません。

太陽系の第3惑星である地球だけが、太陽からほどよい距離に存在しているために水が液体の状態で存在しえたのです。このような領域のことを「ハビタブルゾーン」と呼んでいます。

想像を絶する豪雨

さあ、いよいよ海ができるための準備はできました。あとは一気に、水を満たすだけです。それは41億年ほど前、地球カレンダーでは「2月9日」のことでした。

二次的な大気を形成していた成分の多くは、火山ガスに由来する物質です。これらは地表が高温の間は、たとえ凝結して液体となり落下しても、地表に到着する前に蒸発していました。しかし、いったん陸の温度が下がるやいなや、すさまじいまでの量の液体が地表に降ってきました。地球で最初の雨です。そのおもな成分は、水でした。火山ガスの成分のうち水蒸気は、割合としては小さなものでした。しかし、二酸化炭素をはじめ、ほかの多くの成分が氷点下、それもかなりの低温でなければ凝結しないのに対し、水蒸気は100℃で水になります。地球が100℃にまで冷えた時点で、水は液体として存在するもっとも多い物質となったのです。

降りそそいだ最初の雨は蒸発することなく、地表の低いところから徐々にたまっていきます。あちこちにできた「池」は、やがて「湖」となり、さらにどんどん大きくなって、ついには地表の7割を覆うまでになります。

ここで、現在の地球の表層にある水、つまり海水と、池や川などの淡水をすべて合わせた量と同じだけの水が、当時の地球に戻ってきたと仮定してみます。現在、地球上の水は、海水・淡水をあわせて1349・929×10^6㎦あります。

もし、現在ある海水や淡水が、地球の表面に等しく分布していたとすると、その水の厚みは海水＋淡水の総量を地球の表面積（5・1億$㎞^2$）で割った値、すなわち約2650mになります。地球の表面すべてをこの厚みの水が覆うことになるのです。最初の雨が、地球の表層すべてに降り、地表に均等に水が溜まっていったとして、いったいどれだけの雨が降れば、これだけの水を地表に蓄えることができるのでしょうか。

かりに1時間に100㎜の雨だったとすれば、全地表を覆う水の厚さは1日で2・4mになり、1ヵ月で72mに、1年では864mとなります。2650mの厚さにするには、3・07年

図１－７　海の誕生　画像提供：JAMSTEC

かかる計算になります。1時間に100㎜という雨量は、記録的な集中豪雨として大きな被害をもたらすこともあるレベルです。それほどのすさまじい雨が、3年と1ヵ月もの間、降りつづけなくてはならないのです。

しかも、この計算は地下水や地層に含まれている水などを考慮していません。また、マントルの中にも水があります。これらの水がどのくらいの量なのかはまったくわかっていません。もしそれらが地表の水と同じくらいの量だとすれば、1時間に100㎜の雨が6年間、降りつづく必要があるわけです。

これほどのすさまじい雨が、地表を水で満たしていきました（図1-7）。水によって地表はさらに冷やされ、水蒸気の凝結を促してますます雨量は増していきます。そして、ついにこの想像を絶する雨が止んだとき、地球に最初の「晴れ間」が広がります。それはどれほどさわやかな空だったことでしょう。できたばかりの海は、真っ青な輝きを湛えています。こうして太陽系に「水の惑星」が誕生したのです。

「2月9日」の地球

海が誕生したころの地球はどのような風景だったのでしょう。想像をたくましくして思い描いてみましょう。

図1－8　現在の硫黄島の遠景

おそらくそれは、まだ大きな陸地がない一面の海と、一面の空が広がる、水平線だけが存在する世界だったと思われます。調査航海で太平洋の真ん中にいるときに、そのような景色を見たことがあります。

やがて、そのところどころに、マグマが固まった島ができていったのでしょう。草も木も生えない黒緑色の低いコマチアイトの陸地を広大な海が取り囲み、透明な空がどこまでも続いている、それが「2月9日」の風景だったのではないかと思われます。

南洋のサンゴ礁の島のような場所を想像すれば、似ているかもしれません。日本近辺なら硫黄島（図1－8）のような扁平な火山島でしょうか。ただし、サンゴ礁のように白くはない、黒緑の陸地です。

当時の大気の成分は、二酸化炭素と水素と窒素などからなる、濃いものでした。窒素78％、酸21％の現在の大気にはほど遠いものです。陸もわたしたちがよく見かける砂や泥でできた地層や花崗岩《かこうがん》などなく、マグネシウムと珪酸からなるコマチアイトでした。

そして海はといえば、これもナトリウムと塩素を主とした現在の塩からい海とは大違いです。主成分こそ水であるものの、そこには火山ガスの成分である二酸化炭素や塩酸などが溶け込んでいました。いまのわたしたちにとっては強烈な毒性をもつ海だったのです。

このような空と陸と海が、これから長い時間をかけて進化していきます。やがて地球上に誕生する生命が、これらの進化に協力することで、地球全体の進化が始まります。これを「共進化」と呼んでいます。

第1部では、地球カレンダーの「2月9日」に海が誕生するまでを見てきました。しかし、この海は姿かたちこそ「海」でも、その中身はまだ現在の海とは似ても似つかぬものでした。第2部からは、さまざまな「事件」によって海がどのように変貌していくのかを追っていきます。

海と地球の事件史

「日付」は地球カレンダーのもの

時代区分		日付	海と地球の事件
先カンブリア時代	冥王代	1月	1日 地球の誕生 **マグマオーシャン形成**
先カンブリア時代	冥王代	1月	12日 月の誕生
先カンブリア時代	冥王代	2月	9日 **海の誕生** この頃、プレートテクトニクス開始?
先カンブリア時代	始生代	2月	25日 生命の誕生
先カンブリア時代	始生代	3月	29日 バクテリアの発生
先カンブリア時代	始生代	4月	
先カンブリア時代	始生代	5月	31日 **シアノバクテリアの発生** 酸素濃度急上昇 二酸化炭素濃度漸減
先カンブリア時代	始生代／原生代	6月	
先カンブリア時代	原生代	7月	10日 真核生物の誕生 この頃、最初のスノーボールアース
先カンブリア時代	原生代	8月	3日 最初の超大陸「ヌーナ」形成
先カンブリア時代	原生代	9月	
先カンブリア時代	原生代	10月	
先カンブリア時代	原生代	11月	6日 2度目のスノーボールアース 上旬 オゾン層の形成
顕生代	古生代 中生代 新生代	12月	
古生代	カンブリア紀	11月	16日 最初の大量絶滅(V-C境界) カンブリア紀の大爆発と**海底地滑り**による滅亡
古生代	オルドビス紀	11月	22日 **海面低下** 2度目の大量絶滅 オゾン層発達
古生代	シルル紀	11月	この頃、植物が陸上へ
古生代	デボン紀	11月	酸素濃度、高水準に(約30%) この頃、動物が陸上へ
古生代	デボン紀	12月	3日 3度目の大量絶滅 陸上植物が大繁栄(大森林時代)
古生代	石炭紀	12月	
古生代	ペルム紀	12月	11日 最後の超大陸「パンゲア」形成 12日 **海洋無酸素事件** 4度目の大量絶滅(P-T境界) **海面低下**
中生代	三畳紀	12月	13日 恐竜の出現 この頃、二酸化炭素濃度が上昇、気温上昇、**2度目の海洋無酸素事件**
中生代	ジュラ紀	12月	17日 超大陸「パンゲア」分裂開始
中生代	白亜紀	12月	**この頃、海面の高さが地球史で最高水準に** **白亜紀の大海進** 26日 恐竜の絶滅(K-T境界) 哺乳類の台頭
新生代	古第三紀	12月	27日 ヒマラヤ山脈の誕生 モンスーンの形成 **海洋深層水の成立**
新生代	新第三紀 第四紀	12月	31日 **地中海が干上がる** 人類の誕生

第2部

海の事件史

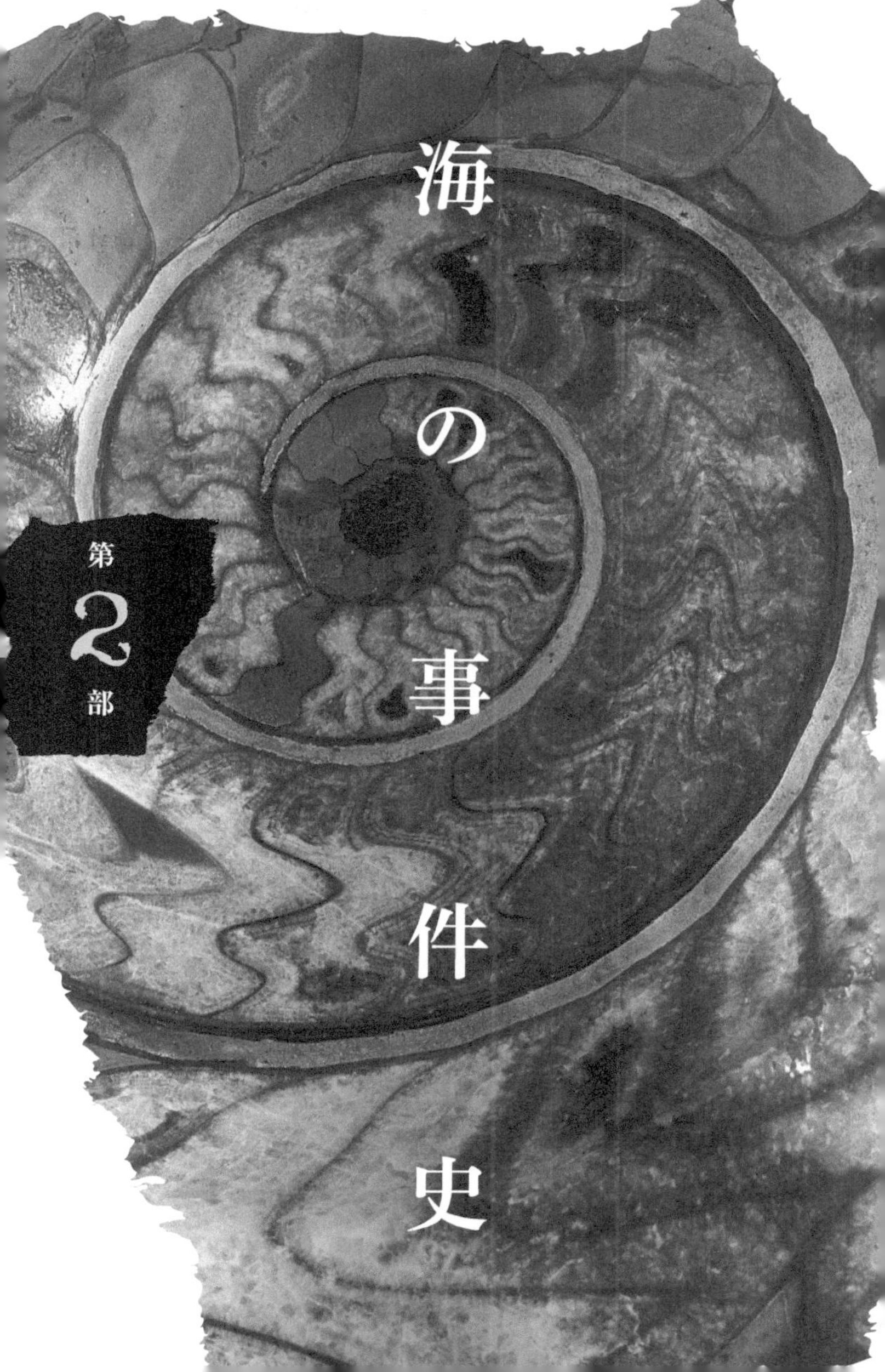

今年花落顔色改（今年《こんねん》花《はな》落《お》ちて顔色《がんしょく》　改《あらた》まり）
明年花開復誰在（明年《みょうねん》花《はな》開《ひら》いて復《ま》た誰《たれ》か在《あ》る）
已見松柏摧爲薪（已《すで》に見《み》る　松柏《しょうはく》の摧《くだ》かれて薪《たきぎ》と為《な》るを）
更聞桑田變成海（更《さら》に聞《き》く　桑田《そうでん》の変《へん》じて海《うみ》と成《な》るを）
古人無復洛城東（古人《こじん》復《ま》た洛城《らくじょう》の東《ひがし》に無《な》く）
今人還對落花風（今人《こんじん》還《ま》た対《たい》す　落花《らっか》の風《かぜ》）
年年歳歳花相似（年年歳歳《ねんねんさいさい》　花相似《はなあいに》たり）
歳歳年年人不同（歳歳年年《さいさいねんねん》　人同《ひとおな》じからず）

（劉廷芝《りゅうていし》『代悲白頭翁』より抜粋）

隕石の重爆撃、マグマオーシャン、ジャイアントインパクト、数年間降りつづく豪雨――いまのわたしたちから見ればさながら地獄絵図のような冥王代の地球に、現在の海の原型はできあがりました。しかし、本書のテーマはこれで終わりではありません。できあがった海には、その後、次々と大事件が起きます。それらはときに、海の姿を大きく変えながら、原始の海を現在の海へと進化させていったのです。第2部では、その過程をつぶさに見ていくことにします。

I　2月25日　生命の誕生

最古の「海の証拠」

ひとつだけ、第1部の補足をしておきたいと思います。海の存在を示す、世界でもっとも古い「物証」についてです。

グリーンランド南西部のイスアという地域には「礫岩《れきがん》」が露出しています。（図2－1）礫岩とは河原や海岸にごろごろしている砂よりも大きい礫《こいし》が固まってできた岩石で、「君が代」の歌詞にうたわれている「さざれ石」も礫岩の一種です。そのためかどうか、イスアの礫岩は日本の研究者によってくわしく調査されています。

図２－１　イスアの礫岩　画像提供：神奈川県生命の星・地球博物館

礫岩は一般的には、水によって運ばれた礫が固まったものなので、大量の水の作用が必要です。したがって河川や海などがなければできません。イスアの礫岩は角が取れて丸くなっていて、長い間、河川や海の波の作用を受けていたことを物語っています。

また、イスアでは玄武岩の「枕状《まくらじょう》溶岩」も見られます。玄武岩はそのマグマが水中に入ったり、水中で噴火が起きたりしたときには、表面が丸く固まって薄い殻のようになった形の岩石になります。しかし、内部はまだ熱く溶けているので、中のマグマが殻を破ってまた水中に出てきて、丸い殻を作ります。そのようにしてできた、まるで枕が積み重なったような形をした丸い溶岩の集合を枕状溶岩というのです。水のない陸上では、そのようなものはできません。

グリーンランドの礫岩や枕状溶岩の存在は、これらの岩石ができたときには液体の水が大量に存在していたことを示しています。これらの岩石ができたのは、測定によっておよそ39億年前という年代が得られています。つまり、いまから39億年前には、確実に地球上に水があったことになるのです。これらは現在のところ、地球上で知られているもっとも古い堆積岩です。

生命誕生の「5W1H」

地球上に最初の生命が生まれた年代を、本書ではおよそ38億年前、地球カレンダーの「2月25日」とします。ただし、この日付はまだ変更される可能性があります。

地球上の最古の化石（過去の生物の遺骸などが固まって石になったもの）はオーストラリアの西部、ノースポールという地域から見つかっています。そこはかつて、深海の海底でした。直径わずか数μ《マイクロ》mの球状の化石ですが、細胞分裂の形跡が見られることなどから、生物と見て間違いなさそうだと判定されています。最初はシアノバクテリア（藍藻《らんそう》）という光合成をする原始生物と考えられましたが、その後、日本人研究者らが古細菌の一種ではないかと異論を唱え、現在はそちらの考え方のほうが有力になっています。

この化石の年代は、約35億年前のものとされています。地球カレンダーではここから換算して、「2月25日」を生命の誕生日としているのです。今後、さらに古い地層や岩石から化石が見つかって若干の変更がなされる可能性はありますが、大きく変わることはもうないと思われます。

生命はいつ、どのようにしてできたのかという疑問は、いまだに解明されていません。

探偵が事件を解決するときに考えるべき問題に、いわゆる「5W1H」というものがあります。すなわち「いつ」(When)、「どこで」(Where)、「だれが」(Who)、「何を」(What)、「なぜ」(Why)、「どのようにして」(How)ですが、生命の誕生についていえば、この中で「どのようにして」がいちばんわからないのです。

「いつ」は「約35億年前」、「どこで」はあとでくわしく述べますが「深海底」です。「だれが」「何を」はもちろん、「地球が」「生物を」です。ただし、生命は地球ではなく宇宙空間で生まれたと考えている研究者もいます。

「なぜ」については、「有機物などが合成されて生命ができるための条件がそろったから」、ということでしょう。簡単な有機物が原始大気から合成されることは、ユーレイとミラーの有名な実験によって実証されていました。ハロルド・ユーレイとスタンレー・ミラーは、フラスコの中に水蒸気を満たして循環させ、原始地球の大気の組成に近いメタン、アンモニアなどを入れて放電を繰り返しました。その結果、フラスコ内では生命こそできませんでしたが、簡単な有機物(アミノ酸や塩基など)が合成されました。これが「生命のもと」なのです。

しかし、有機物は隕石やほかの惑星にも存在するようです。「生命」の条件のひとつは、自分自身を「複製」できること、とされていますが、それを可能にするＤＮＡがどのようにして合成されたのかは、いまだにわかっていません。これがいちばんの難問である「どのように」なのです。生命は地球にしか存在しないのか、それともほかの星にも生命が満ちあふれているのかは、いまのところわかりません。ＮＡＳＡ（米国航空宇宙局）は宇宙に電波を発信して、ほかの星の生命からの応答を待っていますが、いまのところ何も音沙汰はないようです。

「どのように」の問題については、生命の起源はそもそもＤＮＡなのか、ＲＮＡなのか、それともタンパク質なのか、といった「ニワトリと卵」の譬《たと》えにも似た議論が続いていて、いまだに結論が出ていない状況ですが、本書ではこれ以上は追いかけないことにします。

生命は酸素がないからできた

ここで生命誕生の「どこで」に関して、もう少しくわしい話をします。

地球上の生命の起源は、深海底の熱水噴出孔のような場所であったと考える研究者が多いようです。海底に高温の「温泉」があることがわかったのは、地球科学の研究史においては比較的最近のことでした。１９７７年にダーウィンで有名なガラパゴス諸島のあるガラパゴス海嶺に潜った米国の潜水調査船「アルビン」が、海底に金属の硫化物からなる煙突のような地形（チムニーといいます）と、その周辺に群がるおびただしい奇妙な生物群集を発見しました。そして、その

図2－2　熱水系のブラックスモーカー　画像提供：JAMSTEC

あたりの温度は、周辺の海底の温度（約4℃）よりもはるかに高い17℃だったのです。それは、チムニーから温度の高い熱水が噴出されているためでした。

1979年には、北緯21度の東太平洋海膨で、なんと360℃以上にも達する超高温の黒い煙「ブラックスモーカー」を吐き出すチムニーが発見されました（図2－2）。しかも、その周辺では、いままでに見たこともない生態系が見つかりました。「海底温泉」ともいえるチムニーに、奇妙な「客たち」がたくさん群がっていたのです。巨大なチューブ状のゴカイの仲間であるジャイアントチューブワーム、イソギンチャクなどです。磯にいるはずのイソギンチャクが、深海にいたのです。水深は2500mほどで、もちろん太陽の光などまったく届きません。

生物には欠かせない太陽の光が皆無の「暗黒世界」で、彼らはいったいどうして生息することができるのでしょうか。その秘密は、チムニーから吐き出される煙にあります。

海底の温泉は「熱水系」ともいわれています。海水は海底の岩石の割れ目に入り込むと、岩石と反応を起こします。海水中の成分が取り込まれ、岩石の中の成分が海水に吐き出されて、もとの成分とは違う水に変わるのです。この水が地下へしみこんでいき、地下深くにあるマグマの熱に温められて超高温の「熱水」となります。熱水には、地下のマグマに含まれているメタンなどのガスも取り込まれます。このような熱水が海底表面へ運ばれ、チムニーから吐き出されているのです。

熱水が海底にもたらすガスは、人間にとってはきわめて有毒です。たとえば温泉場の風情としては好ましいにおいを発する硫化水素は、実は微量でも致死量となる猛毒です。しかし、バクテリアなどの熱水の「客たち」にとっては大好物で、彼らはそうした物質を使って化学反応を起こし、そのエネルギーで有機物（栄養分）を合成しているのです。そして、それらのバクテリアと共生することで、大型の生物も栄養分を得ています。チューブワームという口も消化管もない奇妙な生物は、共生細菌を体内に棲ませて、彼らがつくる栄養分を得て生活しています。このような生物が群がって形成しているのが熱水生物群集で、そこでは熱水の噴出がない深海底に比べて生物の量は1000倍以上にもなります。

深海底における熱水系の発見は、生命科学においてきわめて重要な示唆を与えてくれました。

その環境が、生命が発生したときの地球の環境ときわめてよく似ているのではないか、海底から湧いてくる化学物質からエネルギーを得て、原始の生命は合成され、生きていたのではないか、と考えられるからです。

生命が発生した当時、地球上には酸素はありませんでした。いや、ほかの物質と結合した酸化物はたくさんありましたが、酸素だけが独立した状態で存在するようになるまでには、地球カレンダー上であと3ヵ月ほど待たなければなりません。「2月25日」の海底には、酸素がなかったのです。そして、このような海底が生命の起源にとっては「都合がよかった」のだろうと、多くの生物学者が考えています。もし酸素があれば、ほとんどの有機物は酸素によって分解されて酸化物になってしまい、生命を合成することができなくなってしまうからです。

地球に最初に誕生した生命は、深海底の熱水に棲息する、酸素を使わない生物でした。それらが酸素を使う生物にとって代わられるのは、もう少し先のことになります。

「過去の海」を探る方法

「2月25日」に生命が誕生したことで、海洋の化学成分に大きな影響を及ぼす大気、陸、そして生命というすべての役者がそろいました。地球ではこれから、これらの相互作用によって、それぞれが進化を遂げて現在見られるような姿に変わっていくのです。これが「共進化」です。

それにしても、30億年以上も前に起きたことがどうしてわかるのか、不思議に思われる読者も多いと思います。ここで、少しその方法について説明しておきましょう。

たとえば「考古学」という分野は、人間やそれに関わる環境などを過去の記録や証拠をもとに復元して、過去に人間がどのような生活を送っていたのかを明らかにします。しかし、地球史において直接的な記録や証拠が残っているのは、地球カレンダー上では大晦日の最後の一瞬にすぎません。それ以前の長い「地質時代」の復元が考古学のように可能になればどんなにすばらしいか――。それは誰しもが思うことであり、そこにはロマンチックな響きさえあります。

しかし、太古の海を探ろうにも、海水はすでに残っていません。海水そのものを使って調べることはできないのです。地層の中にはまれに過去の海水が残っている場合もありますが、周辺の堆積物と反応しているので、もはやその当時の海水ではありません。では、ほかにどのような方法があるのでしょうか。

たとえばインドシナ半島にラオスという国があります。ベトナム、カンボジア、タイ、ミャンマー、中国に囲まれた、海に面していない国です。この国ではどのようにして塩を採っているのか、ラオスを訪問した際に塩の工場を見学したことがあります。そこでは地下深くの地層にボーリングを打って地下水を汲み上げ、それを釜で茹《ゆ》でて塩を採っていました。ラオスがある場所は過去には海であり、海にたまった海成層という地層が厚く地表を覆っているため、その地層の中にトラップ（貯留）されている過去の海水から塩が採れるのです。こうして得られた塩は現在の海の塩ではないので、成分に違いがあるものと思われます。

あるいは、長野県に大鹿村というところがあります。ここには温泉があるのですが、それは食塩泉です。大鹿村は中生代の地層からできていて、もともとは海にたまった地層、つまり海成層です。そのため砂や泥の間には海水が存在していて、長い時間を経てそれが蒸発して岩塩となり、地層にはさまれたと考えられます。この岩塩が地下水に溶けて温泉として湧き出してきたのが、大鹿村の温泉なのです。温泉には「鹿塩」という名がついています。

この地域には中央構造線という日本列島でもっとも大きな断層が走っていて、そこから派生した断層がたくさんあります。それらの断層は地下水が通りやすく、地下からの水を地表へ運ぶ通路になっています。山中で湧き出る温泉で、火山とは関係なく食塩泉になっているものは、おおむね大鹿村と同じようにできたと考えられます。この地域にはむかし塩を運んだ道がたくさん残っていて、塩と関係がなさそうに思われる場所にも「塩尻」などの名がついています。

この岩塩のような、海が干上がってできた岩石を「蒸発岩」といいます。カルシウムを主成分とする石膏《せっこう》も同様です。結晶がバラの花のような形状をしているのが特徴的で、現在は砂漠になっているような乾燥地帯でも見られることがあります。蒸発岩はかつての海に由来するさまざまな沈殿物が固まってできたものなので、海水の組成を推定するのに役立ちます。

ほかには、過去に海に棲んでいた生物の化石を手がかりにする方法もあります。海水中に生息していた有孔虫《ゆうこうちゅう》、ナノプランクトン、珪藻《けいそう》、放散虫といった生物の化石を調べるのです。このうち有孔虫には、太陽光の当たる海洋表面に生息して世界中の海を漂っている浮遊性有孔虫と、海底に生息する底生有孔虫とがいます。浮遊性有孔虫の中には炭酸カルシウム（$CaCO_3$）の殻をもつものがいて、殻の中の炭素（C）と酸素（O）の同位体を分析すれば、その有孔虫が生息していた時代と、そのときの海水の温度が求められるのです。また、海底に積もった堆積物などを調べる方法もあります。間接的には、海水に影響を与える陸上の岩石や地層などを調べることもあります。

これらは、いわば「海の化石」のようなものでしょう。現在ではこれらの手がかりから、地球史における海洋や地球の大きなイベントが少しずつわかってきています。ただし、生物の化石が大量に見つかるようになるのは、堅い外殻をもつようになった古生代のカンブリア紀からです。地質時代区分ではそれより前を「先カンブリア時代」、カンブリア紀以降を「顕生代」と呼んで区別しています。先カンブリア時代は地球カレンダーでは「11月」まで続きます。太古の海を探る材料は、決して多くはないのです。

次は生まれたばかりの生命が、海と地球を激変させる話です。

Ⅱ

5月31日 酸素の発生

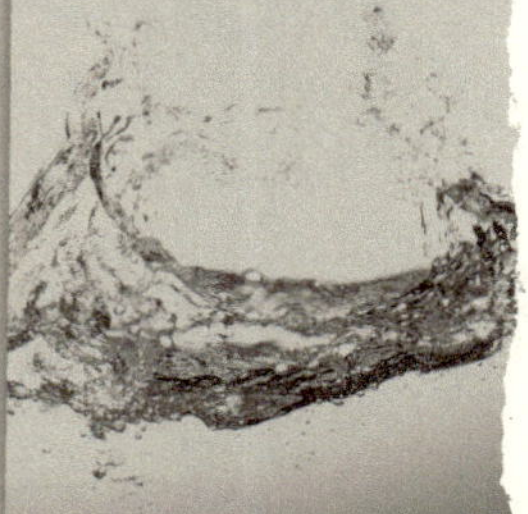

海と地球の環境に大変革をもたらした酸素が発生したのはおよそ27億年前、地球カレンダーでいえば「5月31日」のことです。とくに生物にとって、それは死活問題となりました。酸素は大きなエネルギーを持っているので、当時の生物にとっては毒でした。しかし、逆にこの効率の高い物質を利用する能力を獲得した生物は、そのことをきっかけに大きく飛躍するのです。

海では、酸素は海水中に存在する鉄と結びついて大量の酸化鉄を海底に堆積していきます。したがって海水中の鉄が除去されていき、海水の組成は大きく変化します。海でさらにその量を増やした酸素は、やがて大気へと移動して、大気の成分をも変えていったのです。

ところで、わたしたちは酸素といえば地球にしか存在しないように思いがちですが、実は宇宙全体で見れば、酸素は3番目に多い元素なのです（表2－1）。ところが、酸素はすぐにほかの物質と結びついて酸化反応に使われてしまうので、「O_2」という形では安定には存在できないのです。地球に酸素が多いのは、酸化に使われる分を補ってあまりあるほどつくられるからです。「酸素の発生」とは、そのように大量に酸素がつくられるしくみが確立されたという意味です。

　では、そのしくみはどのようにできあがったのでしょうか。まず結論をいえば、それは海の中で、生命によってつくられたのです。

元素	組成
水素（H）	2.79×10^{10}
ヘリウム（He）	2.72×10^{9}
酸素（O）	2.38×10^{7}
炭素（C）	1.01×10^{7}
ネオン（Ne）	3.44×10^{6}
窒素（N）	3.13×10^{6}
マグネシウム（Mg）	1.074×10^{6}
ケイ素（Si）	1.00×10^{6}

表2－1　宇宙全体の元素の組成
ケイ素を1×10^{6}として比較

シアノバクテリアが海を変えた

　地球カレンダーの「2月25日」に誕生した生命は、「3月29日」には簡単なバクテリアが発生するまでに進化しました。さらに「5月31日」になると、光合成をする生物であるシアノバクテリア（図2－3）が生まれます。

　シアノバクテリアとは、日本語で「藍藻」ともいわれるように青緑色をした、顕微鏡でようやく見られるほどの小さな藻類です。現在でも海や河川などに広く

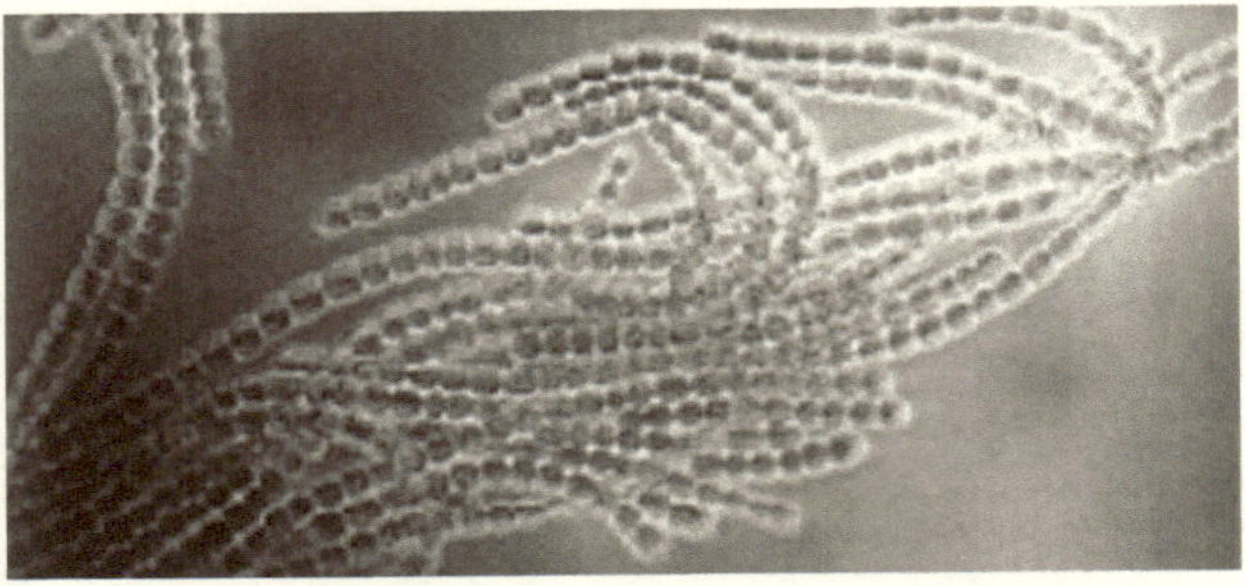

図２－３　シアノバクテリア

分布していますが、「5月31日」の地球ではこの生物が大繁殖しました。それは、いちはやく「光合成」というエネルギー生産システムを確立していたからだと思われます。現在のオーストラリア北西部にあるハメリンプールと呼ばれる湾に「ストロマトライト」という岩石があります（図２－４）。これはシアノバクテリアの死骸と砂や泥などが層状に積み重なってできたものです。砂や泥の表面にびっしりと付着したシアノバクテリアは、日中に光合成を行いますが、夜間になると休止し、覆い被さってきた泥などの堆積物を粘液で固定します。しかし翌日には再び上部に向かって増殖して堆積物の外に体を出し、光合成を始めます。このような繰り返しで岩がどんどん大きくなり、現在もストロマトライトが形成されています。地球に最初に現れたシアノバクテリアも、このような生息状況であったと考えられています。

光合成とは、水と二酸化炭素から、太陽の光エネルギーを使って酸素と有機物（炭化水素）を合成する反応です。つまり大

図2－4　ストロマトライト　画像提供：神奈川県生命の星・地球博物館

量のシアノバクテリアが光合成をすることで、地球上に酸素が単独の状態で大量に供給されることになったのです。酸素はどんどん酸化反応によって消費されていきますが、それ以上にシアノバクテリアの酸素供給量が大きく、ついには海や大気の組成までも変えてしまったのです。

海は赤く染まった

シアノバクテリアの光合成によって増大した酸素は、海をどのように変えたのでしょうか。

酸素は海に放出されると、海水中に含まれる鉄と結びついて酸化鉄となります。鉄は現在の海水中にはほとんど含まれていませんが、当時の海水には大量にあったようです。酸化鉄は海水より重いので落下して海底に沈殿し「縞状《しまじょう》鉄鉱層」という層状の堆積物を形成したと考えられています（図2－5）。赤錆のよう

図2－5　縞状鉄鉱層
画像提供：神奈川県生命の星・地球博物館

な色の酸化鉄が大量につくられた当時の海は、宇宙からはマグマオーシャンのように赤く見えたことでしょう。人類に有用な鉄鉱の多くは、このときにできたと考えられています。

地球上に酸素がかなり増えてきたという事実は、やはり岩石に記録されています。ただし年代については、縞状鉄鉱層の形成は、実は38億年前にまでさかのぼることができますが、それほど古い時代の鉄鉱層が、大気中の酸素の増加を裏づけるものかどうかは即断しかねるところがあります。ここで重要なのが、24億5000万年前のものと見られるウランの鉱床が陸上で見つかっていることです。ウランは酸素があるとただちに酸化されてしまいますので、この鉱床が残っているということは、24億5000万年前の大気には酸素はほとんどなかったことを示しています。

酸素出現の年代を決定的なものにしたのは、パレオソル（古土壌）といわれる過去の土壌でした。赤い酸化鉄が沈殿したもので「赤色土壌」とも呼ばれています。およそ22億年前の土壌には、世界のあちこちでこの赤色土壌が見られるため、この年代にはすでに酸素が十分にあったものと考えられています。つまり24億5000万年前から22億年前の間のどこかに、酸素が大量に

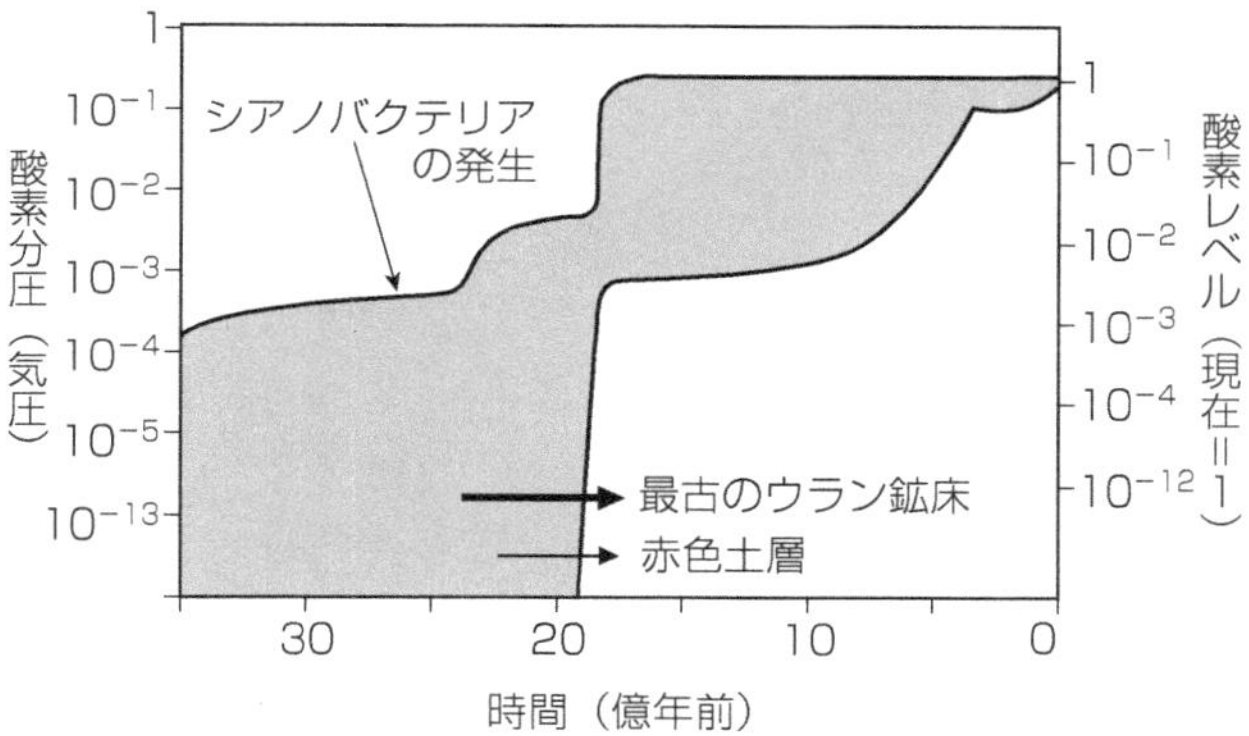

図2－6　大気中の酸素濃度の変遷
値が不確定なためグレーの領域で示した

蓄積された時代があったということになります（図2‐6）。もっと時代が下れば、古生代のデボン紀の「旧赤色砂岩」と呼ばれる真っ赤な砂岩や、三《さん》畳《じょう》紀の「新赤色砂岩」と呼ばれる赤い砂岩が知られていますが、これらの岩石の年代は「5月31日」よりもはるかに新しいものです。

海洋中に大量に放出された酸素は、やがて大気中に出ていきます。これによってオゾン層が形成されることになりますが、それはまだ先のことです。

二酸化炭素は減少した

シアノバクテリアによる光合成の影響は、酸素の増大だけではありませんでした。第1部で、二酸化炭素の温室効果について述べました。18世紀の後半に産業革命が起こるまでの大気中の二酸化炭素濃度は約280ppm（0・028%）だったのが、現

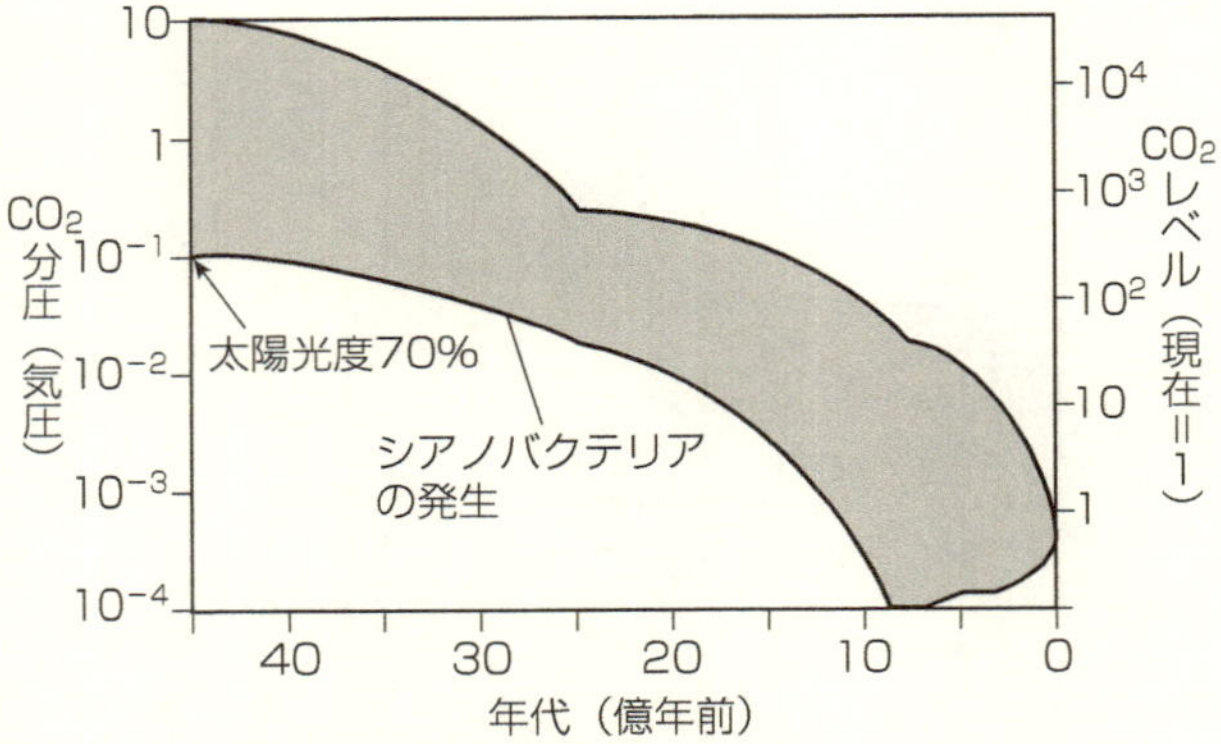

図２－７　大気中の二酸化炭素濃度の変遷
値が不確定なためグレーの領域で示した

在では４００ｐｐｍ近くにまで上昇し、全地球的な温暖化が懸念されています。たしかに世界のあちこちで洪水、大雨、干ばつ、海面の上昇、氷河の後退などの現象が見られます。しかし、地質時代全体を見れば二酸化炭素の濃度は現在よりもはるかに高く、温暖な時期が長かったのです。たとえばデボン紀には、現在の20倍以上もの二酸化炭素があったと考えられています。

おもに火山活動によって供給される二酸化炭素は、地球カレンダー上の「5月31日」以前には、さらに高濃度でした。ところが、このときシアノバクテリアが光合成を始めたことで、大きな変化が起きました。光合成に使われることで二酸化炭素が大きく減少したのです（図２－７）。そのため大気の組成が大きく変容することになります。

ところで二酸化炭素は、大気と海洋の相互作用に

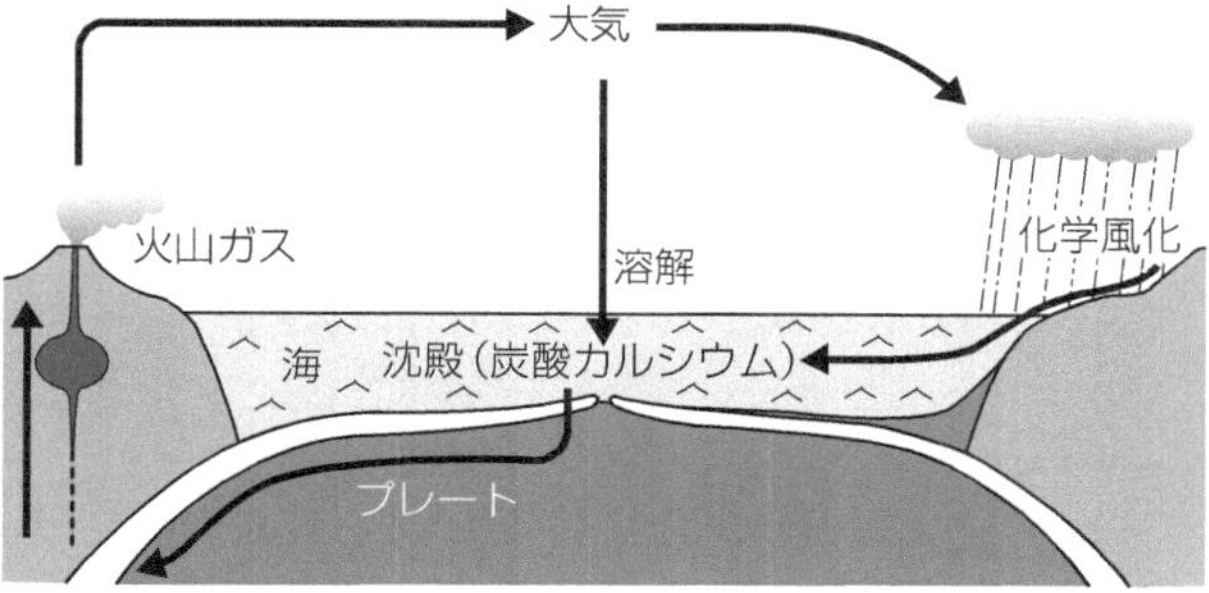

図2－8　二酸化炭素の循環（炭素循環）
一巡するまでには約50万年かかる

よって、地球上を大きく循環していると考えられています（図2－8）。

火山活動によって火山ガスの成分として大気中に放出された二酸化炭素は、雨水に含まれるかたちで地上に降りそそぎ、陸上の岩石や鉱物と化学反応を起こしてそれらを溶かし、分解します。これを化学風化といいます。

分解された岩石や鉱物の成分は河川によって海に運ばれますが、このときに二酸化炭素も一緒に海に流れ込みます。海水中では、二酸化炭素はサンゴ礁などに取り込まれて、炭酸カルシウム（$CaCO_3$）として海底に沈殿します。あるいは海面表層に漂うプランクトンに取り込まれて、その死骸とともにやはり有機物となって海底に沈殿します。

このようにして海底にたまった炭酸カルシウムや有機物は、プレートに載って海溝に運ばれて、そこで沈み込み、地球の内部へと呑み込まれます。地球内部で温度が上昇すると、それらが分解されて二酸化炭素が放出され、再び火山ガスの成分として大気中に戻ってくるのです。

このような二酸化炭素の旅を炭素循環といい、一巡するのに約50万年かかると考えられています。炭素循環において海は、大気から陸へと拡散していった二酸化炭素を再び地球内部に戻してやる重要な役割を担っているのです。

二酸化炭素がなければ、酸素がつくられません。地球上の酸素はすべて、植物の光合成がまかなっているからです。二酸化炭素と酸素は、いわば「親と子」の関係といえます。長い地球史のなかで、「親」は減少し、「子」は大量に増えながらも、微妙なバランスをとって現在に至っているのです。このようにたえず変化しながらバランスをとっているものを「動的平衡」といいます。そして、酸素と二酸化炭素の動的平衡の要には、海があるのです。

なお、地質時代の大気に含まれていた二酸化炭素の推定量はおおむね、温暖だった時期には多いようです。地球が寒冷化した時期には逆に少なくなっています。地球温暖化は二酸化炭素だけが原因ではないと思われていますが、相関関係はあるようです。温暖化と寒冷化、いずれも厄介な問題を含んでいてどちらがいいとは言えないのですが、地球にはどちらかに傾くと針を逆に戻すような「フィードバック」が働いています。

大気は海より調べやすい

大気は海と同様に、地球の歴史を通じて大きな変動を繰り返してきました。大気の組成を古い時代にまでさかのぼって調べるには、いったいどのような方法で研究するのでしょうか。つかみどころがない気体は海よりもさらに研究が困難なのではないかと思われるかもしれません。

しかし、意外にも大気のほうが、海よりも調べやすいのです。化石や岩石には、昔の大気が閉じ込められているものがあります。たとえばダイヤモンドの中には、地球の初期に存在したヘリウムが、ごくわずかですが入り込んでいます。ダイヤモンドを加熱してそれを取り出すことによって、過去の成分を知ることができます。

また、化石によってはその生息していた条件がわかるものがあって、過去の大気の状況を推定することができます。植物の化石や、浅い海に棲んでいた貝、またはサンゴの化石などです。たとえばサンゴの化石などからなる石灰岩には多くの二酸化炭素が炭酸カルシウムとして含まれていて、サンゴ礁も二酸化炭素を取り込み、減少させる役割をはたしたことを物語っています。

それに比べると海では、海水中に含まれる成分は、水があるために鉱物の成分とたやすく反応してしまいます。すると、もとの鉱物の中には「ＯＨ」という状態となった真水しか残りません。だから過去の海の組成を調べるのは、大気よりも難しいのです。

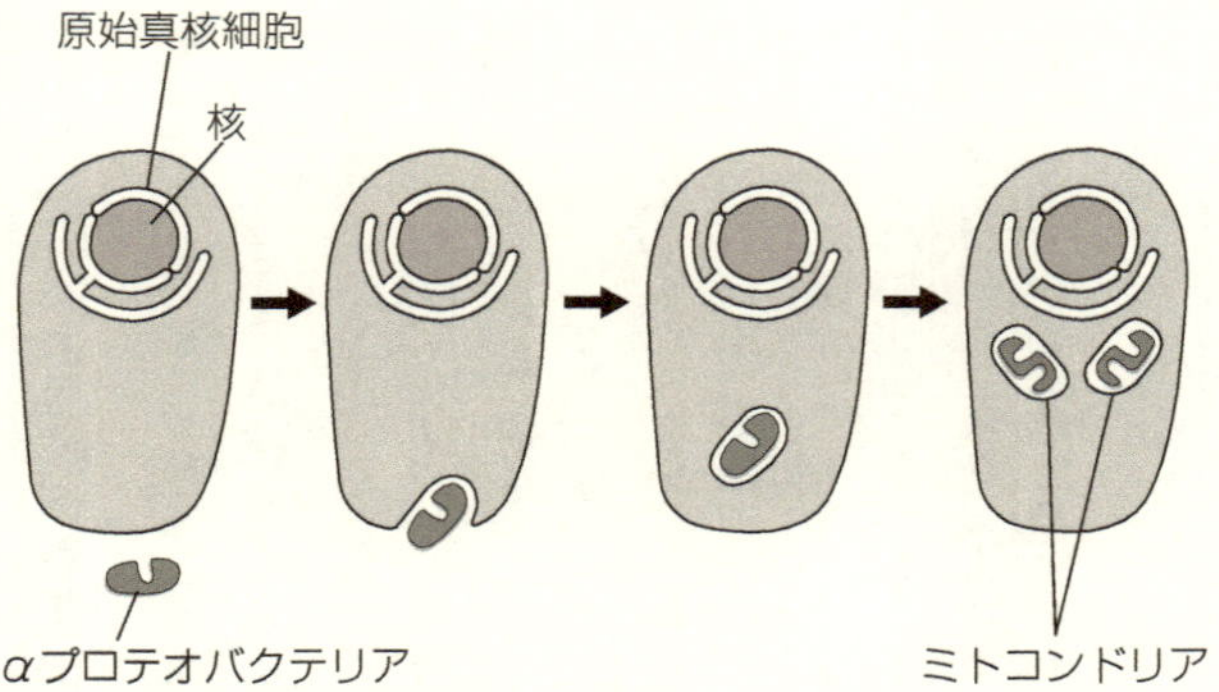

図2－9　好気性バクテリアを体内に取り込む嫌気性生物

人類をしのぐ「海の破壊者」

もし地球カレンダーで「5月31日」当時のシアノバクテリアがわたしたち人類のような知的生命体であったなら、「エコロジー」の観点から、光合成をしないエネルギー生産システムの構築を真剣に検討したかもしれません。それくらい酸素の大量発生は、当時の生物たちにとって深刻な「海の環境破壊」でした。いまでこそエネルギー効率の高い酸素を使うことができる好気性生物が繁栄して、酸素を使えない嫌気性生物は地球の隅に追いやられていますが、当時の生物たちは当然ながら酸素など使えるはずもなく、それどころか猛毒物質だったのです。

しかし、シアノバクテリアはそんなことなどおかまいなしに、無尽蔵ともいえる太陽エネルギーを利用してどんどん光合成をして、海中を酸素だらけにしていきます。それは原発などの核エネルギーを使うようになった現在の人類もかなわない環境破壊ぶりだったともいえます。そのため、従来型の生物たちはばたばたと滅んでいったのです。

ところが、ここで驚くべきことが起こります。ある種の嫌気性生物は、好気性生物を、自分の体の中に取り込んでしまったのです。とはいえ、食べるのではありません。自分の体の中に住まわせて、いわば「共生関係」をつくりあげたのです（図2－9）。

取り込まれた好気性生物は、取り込んだ嫌気性生物の細胞の中で、酸素を使えない「宿主」に代わって、細胞内で酸素を使って「ATP」というエネルギーの「通貨」になる物質をつくる役割を担うようになります。これがわたしたちの細胞にもある「ミトコンドリア」の起源だと考えられています。

こうして酸素を利用することに成功し、より複雑な構造をもつようになった生物から、わたしたちと同じ真核生物が現れるのです。シアノバクテリアによる酸素発生から約5億年後、地球カレンダー上では1年の半分を過ぎた「7月10日」のことでした。

ある生物による営みが、地球環境にこれほど大きな変化をもたらしたことに、あらためて驚かざるを得ません。シアノバクテリアによる光合成は「共進化」のもっとも顕著な例であり、シアノバクテリアこそは地球生物最大のスーパースターといえるでしょう。

Ⅲ

8月3日　超大陸の出現

地球カレンダーが「真夏」を迎える頃、それまではあまり目立たない存在だった「陸」が、海や大気や生命に大きな影響を与える存在として、頭角を現してきます。その動きは、やはり海から始まります。

プレートテクトニクスの開始

さきほど、二酸化炭素の循環のところで海底のプレートが移動して海溝に沈み込む話をしましたが、そのしくみについては説明していませんでした。

創世記の地球を覆いつくしたマグマオーシャンが、コマチアイトという岩石が溶けたマグマか

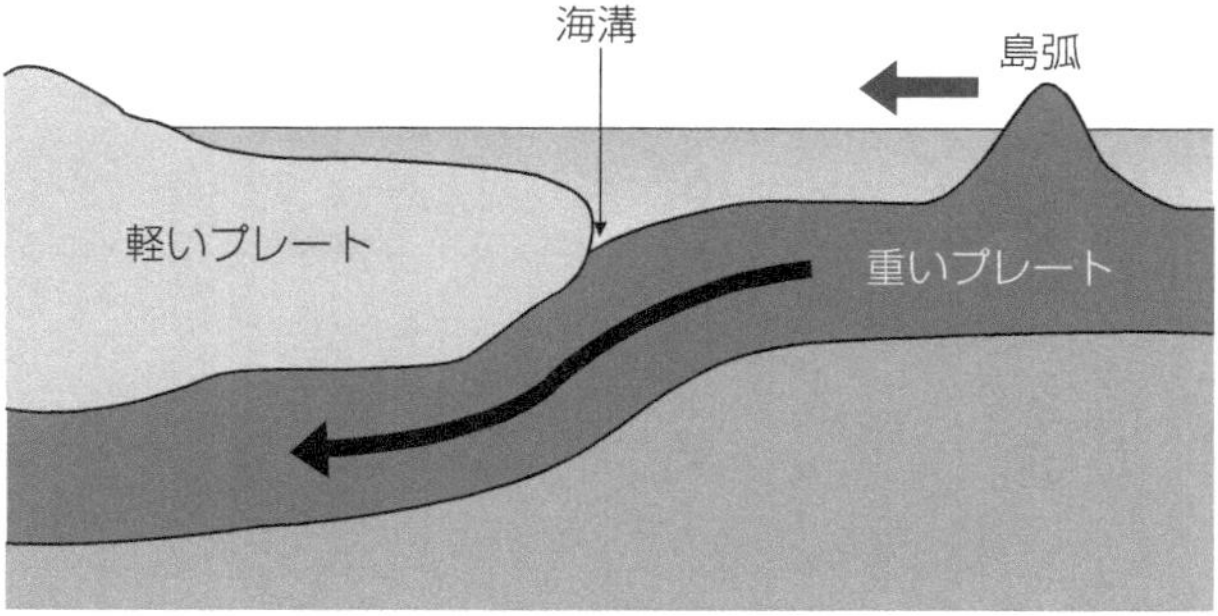

図2－10　プレートの沈み込みと島弧の移動

らできていることを第1部で述べました。やがて表面が冷えて固まったコマチアイトは、「プレート」という硬い岩盤を形成します。冷えたプレートは、熱いマグマより密度が大きいので、マグマよりも下へ沈み込みます。そのためにより冷えたプレートは、周辺のプレートよりも重くなって、軽いプレートの下へ沈み込んでいきます。沈み込む場所は、海のもっとも深いところである溝状の地形、海溝です。こうしてプレートの運動が始まるのです（図2－10）。「プレートテクトニクス」の開始です。プレートテクトニクスは大陸が移動することを説明するきわめて重要な理論です。

プレートがいつから沈み込みを始めたのかはよくわかっていませんが、地表のマグマオーシャンが冷えてある程度の厚みをもったときと考えられるので、海の形成と同時か、その少し前かもしれません。およそ38億年前ではないかと考えている研究者もいます。

プレートは沈み込むときに、なにがしかの水を地球の内部へと運んでいきます。地下の深いところまで運ばれた水が周辺の岩石と反応すると、そこでマグマがつくられます。マグマは地表に噴出して、火山をつくります。プレートが移動すると、火山が線状に並ぶかたちでいくつもでき、島が弓状に並ぶ「島弧」が形成されます。したがって、プレートが沈み込む海溝のそばに島弧ができることになります。海溝と島弧はセットなのです。日本列島は、海溝と火山をともなった代表的な島弧です。

現在、地球は十数枚のプレートに覆われていて、それぞれが移動と沈み込みを繰り返しています（図2－11）。

地球最初の超大陸

さて、こうしてプレートテクトニクスが始まると、プレートの上に載っている島弧も移動します。それらはやがて、別の島弧と衝突します。衝突した島弧どうしは合体して、より大きな島弧となります。そして大きな島弧どうしがまた衝突し、合体します。

このような衝突・合体が次々に繰り返されることによって、「大陸」ができたのです。そのさまは、宇宙空間で微惑星が猛スピードで衝突・合体する現象がゆっくりと起こっているようなものだったでしょう。

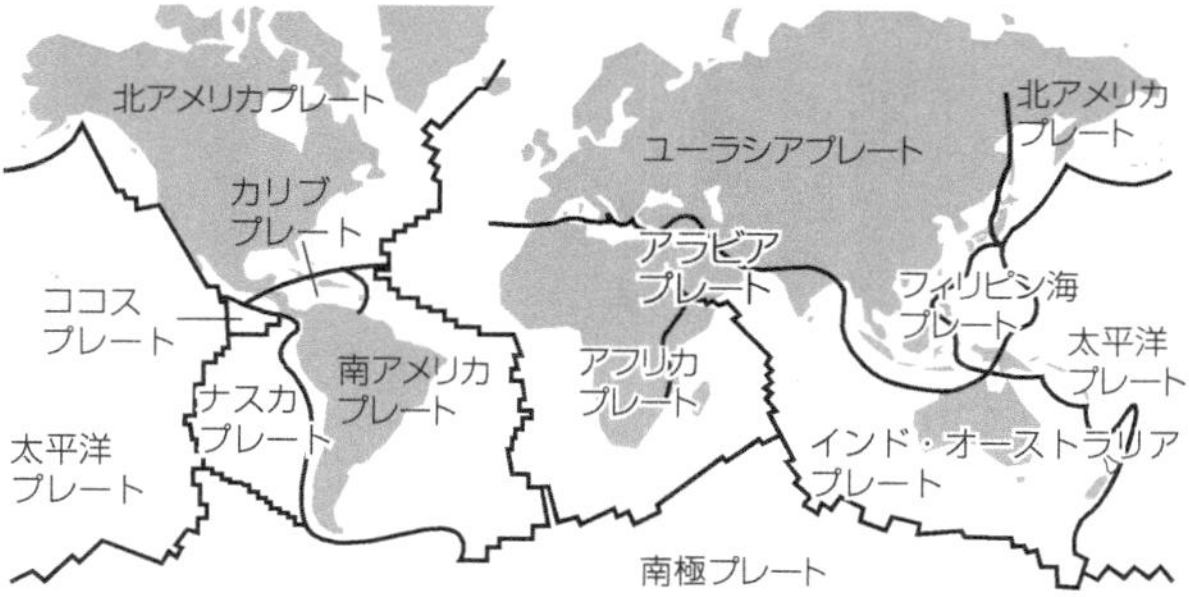

図2－11　地球を覆う十数枚のプレート

しかし、話はまだ終わりません。次には大陸が、やはりプレートによって運ばれて移動し、別の大陸との衝突・合体を繰り返します。こうして、ついに地球上にはたった一つの大陸しか存在しなくなります。「超大陸」の誕生です。現在知られているもっとも古い超大陸ができたのは、約19億年前、地球カレンダー上では「8月3日」のことでした。この超大陸の名は「ヌーナ」といいます。

ただし、それ以前にも超大陸が存在しなかったとは必ずしも言いきれません。古い時代の記録がないからです。将来、さらに古い超大陸の存在が明らかになる可能性はあります。

超大陸は海をどう変えたか

超大陸の形成は、海をはじめとする地球環境に大きな影響をもたらしました。そのひとつとしては、海流の変化があります。それまでの海では、海流はたくさんの島弧の間を縫うように進まなければならなかったため、非常に複雑な流れになっていました。現在のインドネシアの周辺の海域のような感じでしょうか。それが、大陸が一つに統合されてしまったことで、超大陸の周りを大きく単純に巡るようになったのです。このことは、地球上の気候にも大きな変化を生じさせたことでしょう。また、大陸は海よりも暖められやすく冷えやすいので、大気の循環などにも大きな影響を与えたと考えられます。

まだ海にしか居場所をもたない生物たちにとっては、超大陸の出現は脅威でした。入り組んだ海岸線に近いところにできる浅瀬は、太陽の光が届きやすく、生物の生息に適した環境でした。ところが、超大陸の形成によって大陸と大陸の間にあった海がなくなり、海岸線が極端に短くなると、浅瀬に生息していた多くの生物が死滅してしまったのです。地球史において何度か起きている生物の大量絶滅には、超大陸の形成が関係しているという考え方もあります。

超大陸の形成期には、地下のマントルの動きが活発になると考えられています。すると、地下約2900㎞もの深さから、巨大な熱いマントルが大量のマグマを形成して上昇してきます。「スーパープルーム」です。膨大な量のマグマによって、おそるべきことに超大陸は引き裂かれ、分裂を始めるのです。ヌーナもこうして分裂し、いくつかの大陸に分かれて移動しました。そして、今度はヌーナのあった場所から見て地球の「裏側」でばらばらの大陸が合体して、新た

図2 - 12　超大陸が出現した地球の想像図　画像提供：JAMSTEC

な超大陸「コロンビア」をつくったのです。超大陸はこのように、およそ3億年の周期で形成と分裂を繰り返していると考えられています。この循環は、その提唱者であるカナダのツゾー・ウィルソンにちなんで「ウィルソンサイクル」と呼ばれています。

もっとも新しい超大陸は、いまからおよそ2億5000万年前にできた「パンゲア」です。現在はパンゲアが分裂して、分かれた大陸が移動している段階にあたります。次の超大陸は、日本付近にいまから5000万年後くらいにできるという予想もあり、すでに「アメイジア」という名前もつけられています。

スノーボールアース事件

地球カレンダーでは「11月6日」にあたる約7億年前、地球に大事件が起こりました。地表のほとんどすべてが氷に覆われてしまう「スノーボールアース」という現象が勃発したのです。

日本語では「雪球地球」と訳されているスノーボールアースという言葉は、1992年にカリフォルニア工科大学のジョセフ・カーシュビンクが提唱し、その後、ハーバード大学のポール・ホフマンによって大いに広められました。ことの起こりは、アフリカ南西部のナミビアの砂漠から氷河が運んだ堆積物が見つかったことにあります。

氷河の多くは、山岳地帯で形成されます。温度が上がって融けはじめた氷河は、氷の板となって山を下ります。その速度は1日に数十cmから数十mまでとさまざまですが、長時間をかけて大きく移動します。氷の板といえどもその圧力は強く、山を下るときには周辺の岩石を破壊します。破壊された岩石は氷の中に取り込まれ、ともに移動して下流へと運ばれます。やがて氷の板が融けてしまうと、それ以上は進めなくなり、運ばれてきた岩石はその場所で停止して堆積物の小山をつくります。このような岩石を氷堆石《ひょうたいせき》（モレーン）といいます。

ニューヨークのマンハッタンの公園には巨大な花崗岩があり、どこから来たのかわからないことから「迷子石《まいごいし》」と呼ばれていますが、いまでは氷河期に北半球を広大に覆っていたローレンタイド氷床の氷によって運ばれてきた氷堆石であることがわかっています。

ナミビアの砂漠では、この氷堆石からなる地層が見つかったのです。なぜそんな赤道近くの場所に氷河が発達していたのでしょうか？

この疑問から端を発して、当時の地球は表層のほとんどすべてが氷河で覆われていたのだろうとする「スノーボールアース仮説」が提唱されました。現在では、このスノーボールアース事件が過去に少なくとも3回あったと考えられています。約22億年前、それから約7億年前、そして約6億年前です。ただ、最初のスノーボールアースについては、ほとんどのことはわかっていません。対して「11月6日」に起きた2度目のほうは、その後の地球史に与えた影響がある程度はわかっています。そこで本書では2度目についてとりあげることにします。

このとき、赤道付近でも気温はマイナス50℃まで下がり、地表のみならず、海も水深1000mまで凍りついた状態が数百万年から数千万年続いたともいわれています。当時の地球をもし外から眺めることができれば、まさに雪球のように見えたことでしょう。

その原因はいまだによくわかっていませんが、もっとも有力そうなのは、二酸化炭素の減少によって、温室効果が小さくなったという考え方です。たしかにこの時代までの海には大量の炭酸カルシウムが沈殿していることから、多くの二酸化炭素が当時の大気から除去されて海水中に取り込まれていたと考えられます。超大陸ができあがると地下のマントルが不活発になり、火山活動が少なくなって二酸化炭素の供給が減るためという見方もあります。

いずれにしても、いったん地球の表面を氷が覆ってしまうと、太陽の光を反射してしまうアルベドという作用が大きくなるために、太陽の熱は地球を暖めることができなくなるのです。スノーボールアース事件は、海と大気と陸による環境調節のバランスがいったん崩れると、地球も「ハビタブル」な惑星ではなくなってしまうことを物語っています。

当時の生物たちにとって、この事件はいうまでもなく大打撃でした。海が1000mの深さまで凍りついてしまっては、生息できる場所さえなくなります。ところが、この極限状況下でもかろうじて命をつないだ生物はいました。海底にはわずかに、液体の水が残っていたのです。その大きな理由のひとつに、水という物質の特異な性質があります。水は4℃のときに密度が最大、つまりもっとも重くなります。また、海水は凍る直前で密度が最大になります。そのため氷よりも下に、海水が液体の状態で存在するのです。もし海を満たしていたものが水ではなかったら、地球生物は全滅していた可能性もあります。

スノーボールアース仮説はまだ提唱されてからまもないため、ほとんどのことがまだはっきりとはしていません。凍結から解放されてもとの地球に戻った理由は、活発になった火山活動による地熱で暖められたからという説があります。あるいは二酸化炭素の濃度が、火山からの供給の増加、光合成生物の激減などによって再上昇したためという説もあり、結論は出ていません。

どうやら確実なのは、この2度目のスノーボールアース事件の直後に、酸素濃度が急上昇していることです。海底の熱水系から供給され、生物に消費されずに沈殿していた有機物、とくに生命活動の制御に重要なリンが、解凍とともに海の表層に上昇し、そのためシアノバクテリアが大繁殖して光合成活動が盛んになったからと考えられています。

生物を陸上にみちびいたオゾン層

酸素濃度の急上昇は、やがて地球進化における大きなイベントにつながります。3つの酸素原子が結びつき、オゾン（O_3）が生まれたのです。地球カレンダー上では「11月上旬」、先カンブリア時代も終わりに近づいた頃でした。

オゾンとは、天気のいい日に海岸などでにおう、魚が腐ったような臭気をもつ気体です。決して好ましいにおいとはいえませんが、わたしたちにすばらしい恵みをもたらしてくれています。

オゾンはやがて成層圏の中に集まって、オゾン層を形成します。地上から50㎞ほどの高さのところです。オゾン層ができたことで、太陽からの光のうち、紫外線がカットされるようになります。紫外線は生物にとっては大量に浴びると危険な光です。オゾン層の形成によって生物は、海水というバリアがなくても陸上にも棲めるようになったのです。ただし、それは地球カレンダーではもう10日ほどあとのことです。

酸素はこのように、わたしたちが呼吸に使うほかにも、きわめて重要な役割を果たしています。地球は「水の惑星」といわれますが、太陽系で唯一、酸素が豊富にある惑星となったことも、わたしたちの生存には欠かせない条件でした（もっとも、その酸素も海から生まれたものですが）。

ところで、わたしたちはふだん、酸素の存在などあまりにも当たり前すぎて、それがなくなってしまう心配などしたこともありませんが、酸素は地表の有機物や鉱物を酸化することで、どんどんなくなってしまう気体です。もし補充がなければ、たちまちわたしたちは死んでしまいます。はたして、酸素が足りなくなることはないのでしょうか。

結論をいえば、その心配はないようです。酸素はシアノバクテリアの出現以来、増えつづけて

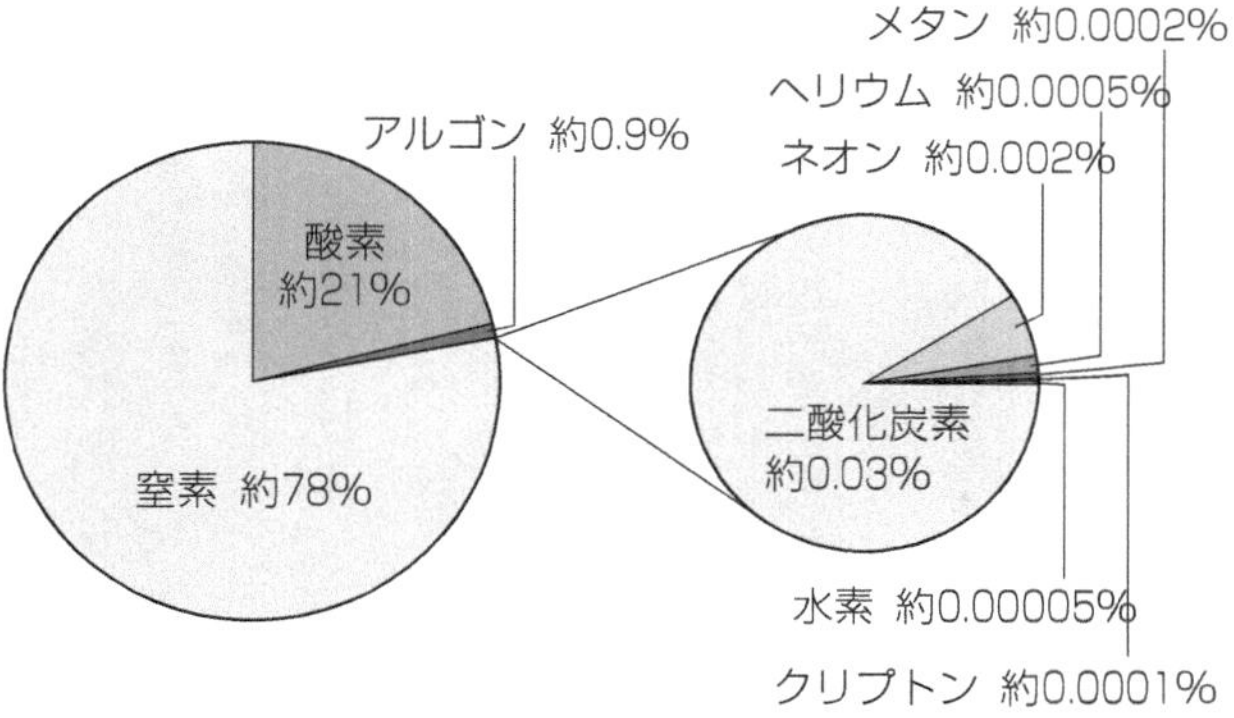

表２－２　現在の大気の組成

いましたが、ある時期からは安定し、大気中に占める割合は現在、約21％です（表２－２）。それでも、植物が放出する酸素と、動物の呼吸や酸化で消費される酸素は釣りあっていると考えられています。ただし、酸素の供給は植物などによる光合成によってのみなされていることは忘れてはならないでしょう。

では現在、大気中にもっとも多く存在している元素は何でしょうか。それは窒素です。割合でいえば圧倒的で、78％にもなります。しかし、窒素がいつからこのように「大気の王者」となったのかは、実はよくわかっていません。

窒素はその化学的な反応がアルゴンのような不活性ガスほどではないにしてもきわめて遅く、そのために、ややもすれば忘れられがちで、あまり研究もされていない元素です。窒素の供給元は火山ガスなどの脱ガスで、地球の歴史を通じて見ると徐々に追加されてはいますが、地球の形成に伴ってマグマオーシャンをつくったガスとして放出されたときから、その量はあまり変化してはいないというのが多くの人の考えです。反応性が乏しいために、酸素や二酸化炭素のような出入りが少なかったからだろうと考えられています。現在の大気中での割合の高さは、酸素は増えつづけていたけれどもやがて安定するようになり、二酸化炭素は大きく量を減らしていった結果、相対的に窒素がもっとも多く残ったからではないか、というのが大方の見方です。

地味に思われがちな窒素はしかし、植物の三大栄養素は窒素、リン酸、カリといわれるように、植物の成長には欠かせない元素です。

さて、約7億年前のスノーボールアースを境とする酸素の急激な増大をもって、長かった先カンブリア時代は終わりを告げ、現在へと続く顕生代の扉が開かれます。生物が多細胞化して人の肉眼でも見える大きさをもち、「殻」というかたちで化石として明確に残されるようになるカンブリア紀の到来です。地球カレンダーではもう師走も近い「11月中旬」のことですが、地球と海の進化史はこれから佳境を迎えます。

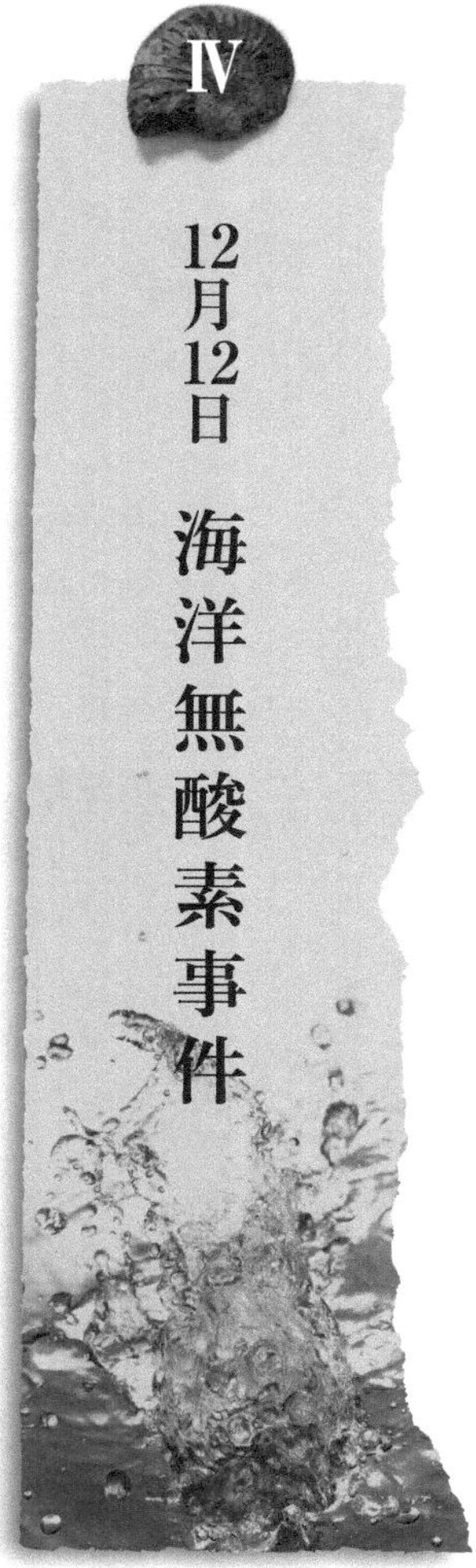

Ⅳ　12月12日　海洋無酸素事件

地質時代区分ではカンブリア紀から、時代は原生代から古生代へと移ります。カンブリア紀、オルドビス紀、シルル紀などの古生代から新生代までの11の「紀」の頭文字を、イギリスの地質学の学生は次のような文章でおぼえています。

Camels Ordinarily Sit Down Carefully, Perhaps Their Joints Creak Tremendously Quietly.

ラクダが座るときの様子を言っているのですが、これがどのようなジョークになるのかは私にはわかりません。大量の化石が出現し、生物史においてはビッグバン期ともいうべき古生代を、「海」からの視点で見ていきましょう。

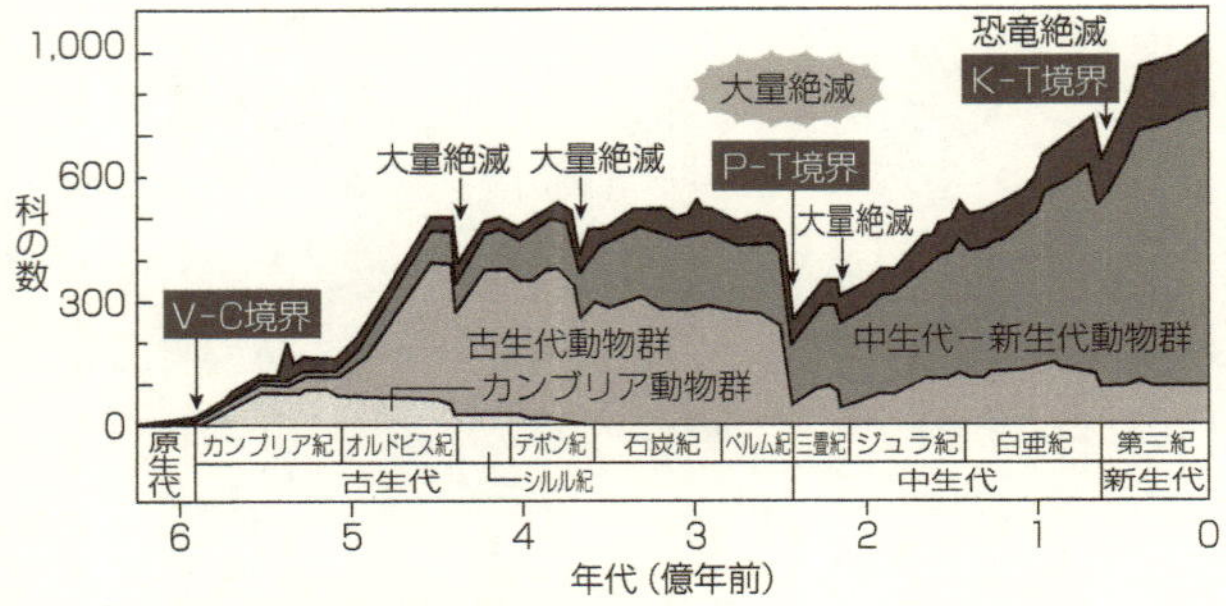

図２－13　生物の大量絶滅の歴史

「楽園」を滅ぼした海底地滑り

カンブリア紀（５億４１００万年前～４億８５４０万年前）はスノーボールアースを招いた寒冷な時代を脱し、温暖な時代へと変わった時期です。海水面が上がり、海から陸へ、海岸線が進んだ「海進の時代」でもありました。そして生物においては、エディアカラ生物群から、バージェス生物群へと大変革をとげた時代でした。

オーストラリアのエディアカラという丘陵で大量の化石が発見されたことからその名があるエディアカラ生物群は、スノーボールアースをかろうじて生き延びたあとに大発生した生物たちで、そのほとんどはクラゲのような、殻や骨格をもたない軟体生物でした。彼らは先カンブリア時代の末期（ベンド紀）に突然、大量絶滅します。古生代カンブリア紀との境界で起きたこの大量絶滅を「Ｖ－Ｃ境界」といいます。以後、中生代を経て新生代に入るまで、地質時代区分はこうし

図2－14　アノマロカリス（上）とピカイア（下）
画像提供：JAMSTEC

た絶滅によって生物相が一変したときを区切りにすることが多くなります（図2－13）。

さて、そのあとに現れたカンブリア紀の生物たちは、カナダのロッキー山脈の高所にある岩石、バージェス頁岩《けつがん》で最初に化石群が発見されたことからバージェス生物群と呼ばれています。それらは多細胞化と多様化という点で、それまでの生物とはまったく異なっていました。

まず、初めてリン酸塩や炭酸塩からなる「外殻」をもった生物が出現します。代表的なものが三葉虫です。脊椎動物の先祖、つまり人類の遠い先祖であるナメクジウオの祖先ピカイア（図2－14下）も、このころに出現しています。ラテン語で「奇妙なエビ」という意味の名のアノマロカリス（図2－14上）は当時、世界最大の生物で、三葉虫を餌にしていたようです。

「種」だけではなく、それより大きな分類の階層である「目」や「門」なども増えたようです。このように生物が質量ともに爆発的に増えたこの時期の現象を「カンブリア紀の大爆発」という人もいます。カンブリア紀の生物の特色の一つは「眼」ができたことでした。これによってほかの生物を「見て」「捕食する」ことができるようになったと考えられています。

ところが、にわかに訪れたこの生物たちの楽園は、一瞬にして崩壊してしまうのです。その原因は、海底地滑りであったと考えられています。それによって派生した土石流が、あっという間にすべてを飲み込んでしまったのです。まだ硬い骨格を持っていなかった彼らは本来なら化石にはなりにくいのですが、一瞬にして埋積されたために化石として残り、その栄華の跡をわたしたちに見せているのです。イタリアのポンペイという町がベスビオの噴火で一瞬にして埋もれたあと、残った遺跡が、当時の人々の生活をそのまま凍結しているのにも似ています。

しかし、それほど隆盛だった生物の楽園が、海底地滑りくらいで滅び去ってしまうものだろうかと思われる方もいるかもしれません。たしかに陸上で起きる「地滑り」を連想すると、海底でのそれがどのような現象なのかは想像がつきにくいでしょう。カンブリア紀に起きた海底地滑りについてはくわしいことは知るよしもないのですが、地質学的な大事件として記録に残っているものに、約8000年前にノルウェー沖で起きたストレッガ海底地滑りがあります。このときは約5600km^{3}もの海底堆積物が、大陸棚から海底になだれ落ちました。立方体にすれば1辺17km

以上という途方もない大きさになります。そして堆積物の移動距離は、約８００㎞にも及んだそうです。なんと東京から鹿児島までの距離です。海ではこれだけの規模の地滑りが、ときに秒速10ｍものスピードで海底を走るのです。

次の第3部でくわしく述べますが、海底の地形は陸上よりもはるかに大規模です。そして、そこで起きる現象も、陸上で暮らすわたしたちの想像を絶します。記録に残っている、海底地滑りで動いた堆積物の最大体積は約２万km^3といわれます。このような巨大現象によってかたちを大きく変えながら、海底は陸上とはまったく違う姿になっていったのです。

なお、海底地滑りの原因として多いのは巨大地震ですが、ほかにメタンハイドレート（メタンと水が凍結して固体になった結晶）を含む地層の、メタンの流出による崩壊などもあります。

生物の陸上進出と2度の大量絶滅

カンブリア紀に続くオルドビス紀（約４億８５４０万年～約４億４３８０万年前）の海では、古代サンゴ、コケムシ、ウニ、ヒトデなどの無脊椎《むせきつい》動物が栄えました。しかし、オルドビス紀の初めは温暖なため高かった海面が、終わり頃には寒冷化が進んだために、１００ｍほど下がったとされています。これによって浅瀬に棲んでいた生物の棲み処《すみか》がなくなったためか、大量絶滅が起き、種の80％ほどが絶えたと考えられています。

その後のシルル紀（約4億4380万年前～約4億1920万年前）はまた温暖な気候に戻りました。海面が上昇して海岸線が陸に伸びたことで、寒い時代に陸に閉じ込められていた海洋の栄養分が海に取り込まれ、生物は一斉に繁栄したようです。このように海面は、気候が温暖になれば上昇し、寒冷になれば下降するという変動を繰り返しています。上昇する原因は海面の温度が上がって膨張することと、寒冷な海域の氷床が融けて海水が増えることです。ただし、現在の南極や北極の氷床は比較的新しい時代にできたもので、古生代のこの当時、氷床がどの程度あったのかはわかっていません。海面が上昇すると海岸線は陸上にまで進出し、逆に海面が下降すれば海岸線は後退します。この変動はとくに浅瀬に棲む生物にとっては死活問題でした。

この頃から、植物が陸へと進出していきます。前述したオゾン層の発達が進み、陸上に紫外線が届かなくなったためと考えられています。まず浅い海にいた藻類が、おそるおそる陸上へ上がってみたのでしょう。

その後のデボン紀（約4億1920万年前～約3億5890万年前）に、動物も陸上進出を果たします。最初の陸上動物は、節足動物だったと考えられています。動物の陸上進出の背景には、この時期はきわめて気温が高く、また旧赤色砂岩が出てくるように酸素濃度もきわめて高かったことがあります。大気中の酸素濃度は30％近くあったのではないかと考えられています（現在は約21％）。

一方で、海には魚が出現します。それは現在のような姿のものではなく、「甲冑魚《かっちゅうぎょ》」と呼ばれる、鎧《よろい》を着ているようないかめしい魚でした。さらに、魚類からは両生類が派生しました。

ところがデボン紀の末期には、古生代で2度目の大量絶滅が起こります。これには地球の寒冷化が原因とする考え方と、ほかには隕石の衝突があったと考える人もいます。たしかに米国のネバダ州と、西オーストラリアにはこの時代のものとされる隕石が見つかっていて、これらが地球に衝突したため大量絶滅が起きたというのですが、本当の原因が何かはまだ確定していません。このとき、種の70％が絶滅したとされています。

しかし、その後の石炭紀（約3億5890万年前〜約2億9890万年前）になると、デボン紀に陸上へ上がった植物は、天敵がいないことと気候があっていたためか、大繁栄をとげます。グロソプテリスと呼ばれる皮の厚い裸子植物は、背の高い森林を築きました。その巨木が沼地などに倒れて埋まると、酸素が届かないため酸化されずに炭素が集まり、石炭になります。良質な無煙炭はこの頃にできたものです。「石炭紀」の名はもちろんそこからついたものですが、この時代は「大森林時代」ともいわれています。

また、陸上動物ではゴキブリやトンボなどの昆虫が出現します。トンボは巨大化して、翅《はね》の差し渡しが60㎝にもなるものが化石（メガネウラ）として知られています。さらにこの頃には、のちに恐竜に進化する爬虫類《はちゅうるい》の先祖も出現しています。

図２－15　生物の陸上進出　画像提供：JAMSTEC

こうして順調に繁栄をとげているかに見えた生物たちに、次のペルム紀（約2億9890万年前～約2億5220万年前）、最大の試練が訪れます。

「パンゲア」形成と史上最大の絶滅

ペルム紀の終わり、地球カレンダー上では「12月11日」、地球上に最後の超大陸が形成されます。「最後の」といったのは、現在の大陸の配置はこの超大陸「パンゲア」（図2-16）の分裂の途中にあり、いまから5000万年ほどたつと、次の超大陸「アメイジア」が日本列島付近にできていくと考えられているからです。ドイツの気象学者ウェーゲナーが提唱した「大陸移動説」にもとづく考え方です。

「パンゲア」とはその名も「超大陸」という意味です。ただし、この超大陸は北の「ローラシア」、南の「ゴンドワナ」という2つの大陸からなると考える人もいます。ローラシアは現在のシベリアや中国を含むユーラシア大陸のもとであり、ゴンドワナ（もとはインドの古い部族の名前です）が南極、アフリカ、オーストラリアなどからなるという考え方です。

この「パンゲア」の形成が、海や陸や空、そして生物の生息条件を大きく変えたことは間違いありません。

約2億年前の中生代三畳紀に完全に分裂した「パンゲア」は現在、ウィルソンサイクルでいう

図２－16　超大陸パンゲア

移動の段階にあります。東西に分かれた大陸は年間数cmずつ離れていき、やがて大西洋ができました。現在の大陸の配列も、移動の過程にすぎないのです。

さて、地球カレンダーでは「パンゲア」の形成から１日後の「12月12日」、地球上に生命が誕生して以来、最大の絶滅が起きました。それは、ほとんどの種が滅亡するという未曾有の大事件でした。

古生物学者のデイビッド・ラウプとジョン・セプコスキーは、地球史における生物の種の量について調べていて、種があるときを境に極端に少なくなったり、まったく変わってしまったりする時期が繰り返されていることに気づきました（96ページ図２－13参照）。古生代以降ではオルドビス紀末（約４億４３８０万年前）、デボン紀末（約３億５８９０万年前）、ペルム紀末（約２億５２２０万年前）、三畳紀末（約２億年前）、そして白亜紀末（約６６００万年前）です。これらはそれぞれ、そこで大量絶滅が起こったことを示しています。

なかでも、ペルム紀末の場合は規模が桁ちがいでした。なんと、種の96％が絶滅したのです。現在、地球上に生息している生物は、このときに生き残ったわずか４％の種から派生したもので

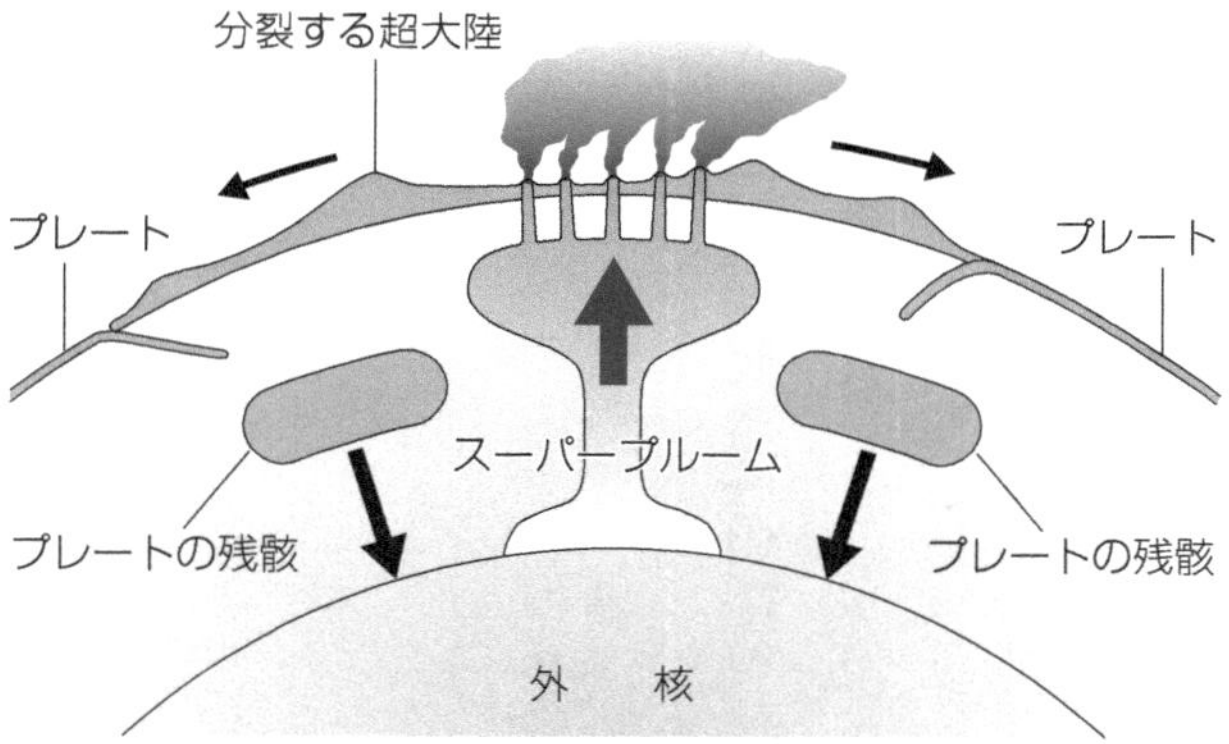

図2－17　超大陸の分裂とスーパープルーム　超大陸の下に沈み込んだプレートの残骸が大量に落下し、スーパープルームとなって上昇する

す。アンモナイトや三葉虫など、古生代を謳歌してきた多くの生物が、地球上から姿を消しました。この絶滅は「P－T境界」と呼ばれています。

いったい何が、これほどの大量絶滅を引き起こしたのでしょう。

その原因はいまだに確定されてはいませんが、超大陸「パンゲア」がなんらかのかたちで関与していることは間違いないのではないかと思われます。現在、考えられている仮説としては、たとえば次のようなものがあります。

①「パンゲア」の形成によって、大陸と大陸の間にあった海が消滅したため。

②「パンゲア」の形成によって活発になったスーパープルームが引き起こした火山活動が、地球環境を激変させたため。

前にも述べましたが、スーパープルームとは地下約2900㎞の深さから上がってくる高熱のマントルです。その上昇にともなってもたらされるマグマはおそるべき量で、そのために超大陸は引き裂かれ、分裂を始めるのです（図2－17）。「パンゲア」もできあがったばかりのペルム紀末に、早くも分裂への動きを開始しています。このスーパープルームが火山活動を引き起こした結果、大量の火山灰が地球全体を覆って、気候が寒冷化したというのが②の考えです。そのため海岸線が後退し、生物に重大な影響をもたらしたというわけです。

しかし、どの説が正しいのかは、いまだに決め手がない状況です。

次に、これらとはまた別の考え方を、ペルム紀末の海に起こったもうひとつの大事件を見ながら紹介していきます。

海洋無酸素事件の影響

地球カレンダーではやはり「12月12日」頃に、海洋の酸素がきわめて乏しくなる「海洋無酸素事件」が起きました。同様の事件は、地球史の中で数回、発生しています。海底の地層で、本来なら酸素が分解しているはずの生物の死骸などの有機物が分解されないまま堆積物となっていることから、こうした事件が起きたことがわかりました。海底に棲む好気性の動植物たちにとって、大きな打撃だったことは想像に難くありません。

そのとき何が起きていたのかについては、現在のヨーロッパとアジアの間にある黒海にヒントがあります。黒海は表層の水と底層の水とが混ざることなく、淀んだ環境になっています。そのため底のほうには酸素が行き届かず、分解されなかった有機物が大量にたまるため、黒い海に見えるのです。

現在、海洋は暖かい表層の流れと冷たい底層の流れが連動して、一つのサイクルを形成していることがわかってます。地球化学者のブロッカーが提唱した熱塩循環です。ところが、なんらかの条件でこのサイクルが止まると、深海へ酸素が運ばれなくなってしまうのです。当時も、これと同じことが起きた可能性があります。

その原因として考えられるのが、スーパープルームの活動による地球の温暖化です。火山活動が活発になり、二酸化炭素が増加することで温室効果が高まり、気温や海水の温度が上昇することで循環が止まってしまったのではないかというわけです。さきほどは火山活動によって地球が寒冷化したという説を紹介しましたが、それとはまったく逆の考え方です。

また、温暖化によって、前述したメタンハイドレートから、凍結していたメタンが大量に溶け出し、酸素と結びついて酸素濃度が下がったとする説もあります。もしそうだとすれば、海底ではすさまじい地滑りが起きたことでしょう。メタンは大気中に放出されて、やはり酸素と結びつき、大気中の酸素濃度も大きく下げると考えられます。これが大量絶滅の原因になったのではないかというのです。うまく辻褄が合う考え方のようにも思えますが、これもあくまで仮説です。

海洋無酸素事件はのちの白亜紀の中頃にも起こっています。ペルム紀末と同様に、マントルから大量のマグマが上がってきたことが原因の根本にあると考えられています。しかし、それによって地球は寒冷になったのか、温暖になったのかもわかっていないのです。

海洋無酸素事件のときに併発する意外な現象として、地磁気の逆転が長期間にわたって起こらなかったことが知られています。地球の磁場がつくる南極（磁南極）と北極（磁北極）は、数十万年から数百万年のサイクルで逆転しているのですが、ペルム紀と白亜紀に海洋無酸素事件が発生した時期だけは、この地磁気の逆転が起きていないのです。それがなぜなのかも、いまのところわかっていませんが、スーパープルームが上昇することで核が冷えて、核の中での対流が止まってしまうためではないかという考え方もあります。

海洋無酸素事件と大量絶滅の因果関係はまだ立証されていません。しかし、ペルム紀末の絶滅のあとに繁栄した生物は低酸素状態に強いものであったといわれていますから、海洋無酸素に打撃を受けた生物たちの進化を促した可能性はあります。白亜紀の海洋無酸素のときには大量絶滅が起きていないのも、生物が低酸素状態に適応していたからかもしれません。地球の内部で起きた現象が、海や大気ばかりか、生物にも大きな影響を与えたと考えると面白い気がします。

V 12月27日　最後の大変動

ペルム紀末の大量絶滅を境に、時代は中生代へと移ります。三畳紀、ジュラ紀、白亜紀を通して、それは非常に温暖で、そのため海にも大きな変化が見られます。

白亜紀の大海進

三畳紀は酸化鉄に富む新赤色砂岩が見られることから、酸素が多かったと考えられます。しかし三畳紀末には「T－J境界」と呼ばれる大量絶滅が起き、海ではアンモナイトなどが、陸上では大型の爬虫類など、76％の種が絶滅しました。原因としてはスーパープルームの上昇説、隕石落下説などがありますが、はっきりしていません。ただ、これがきっかけとなり、まだ小型だった爬虫類のある勢力が、次のジュラ紀に台頭してくることになります。地球カレンダーで「12月13日」（約2億3000万年前）、恐竜の出現です。恵まれた気候条件のもと、恐竜はどんどん大型化していきました。

その後の白亜紀は、地質時代の中でも特異な時代でした。この時期の真ん中、いまからおよそ1億年前が、地球史においてもっとも温暖な時期だったと考えられるからです。

もうひとつ特筆すべきは、この時期に海面が全地球的に大きく上昇したことです。一説には、現在より250〜300ｍも高くなったともいわれています。そのため海は広がり、海岸線は陸上へ大きく食い込んでいきました。これを「白亜紀の大海進」といいます。古生代のカンブリア紀以来、最大の海進だったようで、陸地の奥にまで石灰質のプランクトンの化石が見つかっています。そのさまは、まるで大津波が襲ったようなものだったかもしれません。

なぜこれほど海面が上昇したのでしょうか。それは決して海水の量が増えたからではなく、次のような経緯で海が盛り上がったからだと考えられています。

白亜紀の海の水温がかなり高温だったことは、浮遊性有孔虫の酸素の同位体から明らかになっています。現在の熱帯の海よりも、実に5℃ほども高かったようです。地球上に氷はまったくなかったと思われます。その原因は、地球の内部でマントルの活動が活発になり、スーパープルームが地上へ昇ってきたからではないかと考えられています。そのため海底での火山活動が盛んになって、新たなプレートが次々につくられます。すると、冷却されるのに十分な時間がないプレートは沈み込めないまま盛り上がって浅い地形を形成します。これがその上にある海水を押し上げたために、海面が上昇し、海岸線が陸に進んだのだろうと考えられています。

また、盛んになった火山活動によって二酸化炭素が急激に増加して地球を暖めたことも、海の温度上昇につながったものと考えられています。

ただし、この時期には地球内部での活動は、逆に止まっていたのではないかという研究者もいます。「海洋無酸素事件」のところで述べたように、ペルム紀だけでなく白亜紀にも、地磁気の逆転がまったく起こらなかった時期があるからです。およそ1億1000万年前〜7500万年前の3500万年ほどの間で、この時期には正に帯磁したままの磁場が確認されています。しかし地磁気の逆転がなぜ起こるのかは現代の科学がいまだに解けない謎のひとつであり、これ以上のことはわかりません。

冷えゆく新生代へ

地球カレンダーではクリスマスも終わり、そろそろ新年を迎える準備に入ろうかという「12月26日」（約6550万年前）。直径10㎞にも達する巨大な隕石が、現在のメキシコ・ユカタン半島に衝突しました。いまは浅い海になっているため地表からは見えませんが、空からの重力測定によってその場所に巨大なクレーターがあることがわかっています。

直径10㎞というサイズは、たとえ水深1万mの海溝に落ちても海面に見え隠れするほどの、途方もないものです。この隕石の衝突によって巨大地震が起こり、巨大津波が発生します。衝突された場所の地殻やマントルは一瞬にして粉々に破壊され、空気中に粒子を巻き上げます。衝突の衝撃で発生した火災で、陸は火の海と化し、ほとんどの植物が燃えてススが発生します。それら大量の細かい粒子は地球の表面を覆い尽くし、太陽光が遮られて地球は急激に温度が下がります。植物は光合成ができなくなって枯死し、それを餌にしていた動物は餓死します。

このようなシナリオは核戦争後の「核の冬」としてカール・セーガンらによって提唱されたものと同じで、いまでは多くの科学者に受け入れられています。

この巨大隕石の衝突は、それまで2億年にもわたって繁栄を謳歌してきた恐竜たちにとってはまったくの青天の霹靂《へきれき》でした。海に、空に、大地に、彼らの断末魔の叫びがいつまでも響き渡っていたことでしょう。地球史でも屈指の大事件、恐竜絶滅は「K-T境界」と呼ばれています。それは、地球環境とはまったく無関係な外からの要因によって突発的に起きたという点でも、きわめて異例の絶滅でした。もしこの隕石落下がなければ、その後の哺乳類の台頭もなかったかもしれません。地球史の歩みはずいぶん違うものになっていたでしょう。

なお、衝突した隕石は地球の地表近くにはまったく存在しない物質を海や陸にまき散らしてもいます。それはイリジウムやオスミウムという元素です。これらは通常、地球内部のマントルの深部や核などに濃集している元素です。海底の堆積物からコア（地層が柱状に連なったサンプル）を回収したところ、恐竜が栄えていた白亜紀の堆積物も、絶滅後の古第三紀の堆積物も、同じ白い有孔虫が堆積してできたものですが、その境界に黒い層がはさまれていました。厚さ1㎝にも満たない細い層でしたが、その組成を調べてみたところ、地表で検出できる濃度の1万倍にも達するイリジウムが含まれていたのです。イタリアのグッビオという地域の崖の露頭で発見されたものですが、その後、世界のあちこちから見つかっています。日本でも、北海道の釧路で見つかりました。恐竜を滅ぼしたおそるべき「悪魔」が遺した、わずかな痕跡といえるでしょう。

恐竜が地上から姿を消したことで中生代は終わりを告げ、新生代を迎えます。その初頭の古第三紀、いよいよ哺乳類が頭角を表します。それは、最初はネズミ程度の大きさでした。しかしその哺乳類からやがて、地球史上もっとも環境に大きな影響を与える生物が登場してくるのです。

古第三紀の海水の温度は、有孔虫の遺骸である炭酸カルシウム中の酸素の同位体を用いて相当くわしく調べられています。その結果、白亜紀が暖かい時代だったのと比べて徐々に寒くなっていったことがわかっています。そしてこの時期に、海は現在の姿となるべく最後の共進化をとげるのです。

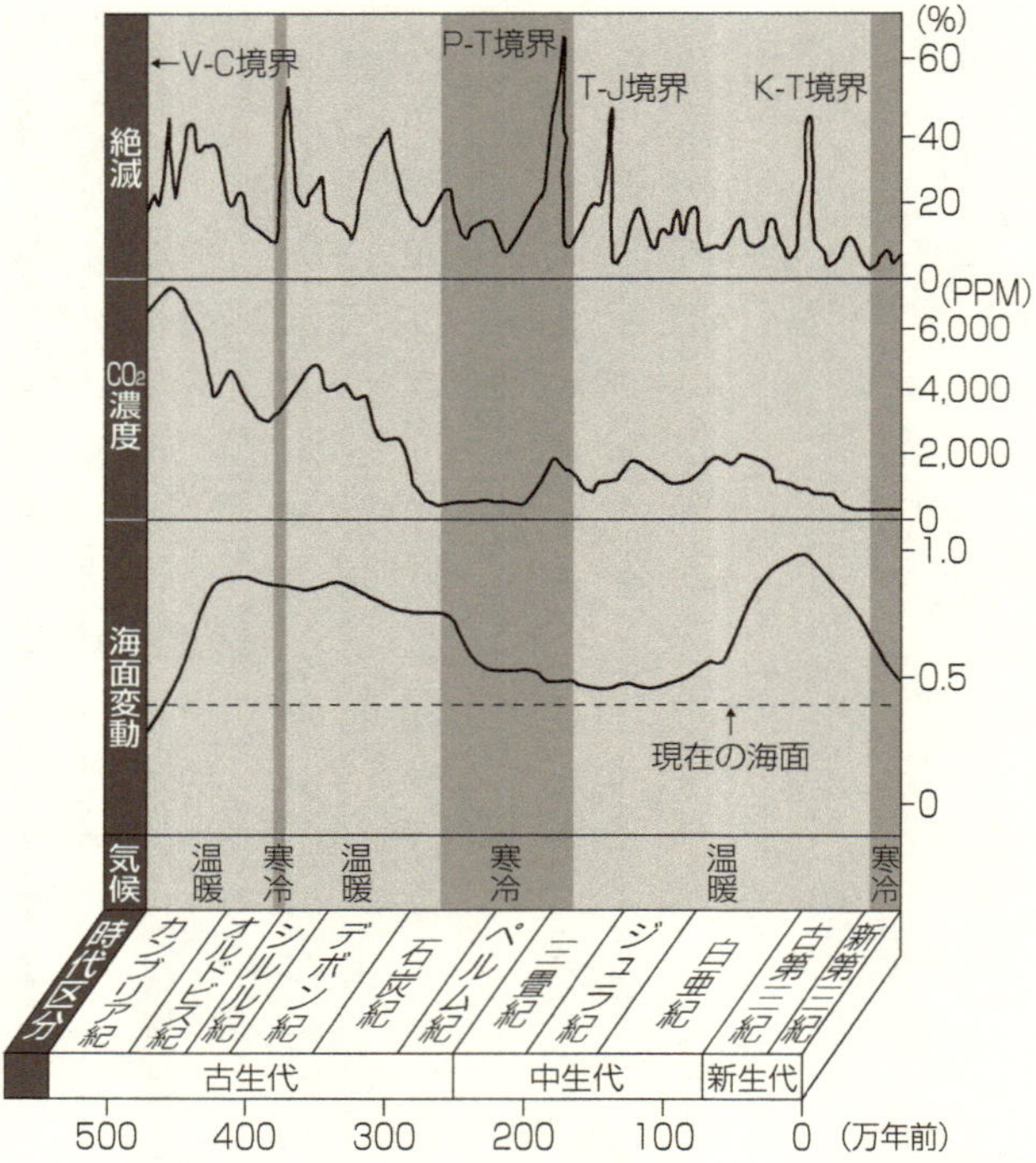

図2－18　絶滅した種の数（上）、二酸化炭素濃度（中）、海面の高さ（下）の関係

巨大隕石落下が原因とされるK－T境界を除くと、二酸化炭素濃度と海面がともに低下する寒冷期に大量絶滅が起きる傾向が見られる。

モンスーンの発生

地球カレンダーも大詰めに近づいた「12月27日」（約4300万年前）、ある意味で史上最大ともいえる地形の大変動が起きました。

超大陸「パンゲア」の分裂によって南極から分かれて北上を続けていたインド亜大陸が、ユーラシア大陸に衝突したのです。衝突に先立ち、インドとユーラシアの間の海にたまった堆積物は、インドを載せたインド・オーストラリアプレートによって陸（ユーラシア）側に押し上げられ、少しずつ盛り上がり、陸上に山を形成していきます。インドが衝突したあともユーラシアプレートの下にあるインド・オーストラリアプレートは北上を続けているため、堆積物はさらに押しつけられ、山はどんどん高くなっていきます。そして、ついにその頂上は8848mにも達するのです。世界最高峰エベレストを擁する、ヒマラヤ山脈の誕生です（図2－19）。

エベレストの頂上近くでは「イエローバンド」と呼ばれる黄色い縞状の層が見られます。そこからはウミユリなど、なぜこんなところにあるのか信じられないような海底生物の化石が見つかっています。これこそヒマラヤが海底からの堆積岩でできている証拠なのです。

この巨大山脈の出現によって、地球上の気候は大きく変動しました。本来ならば南北の緯度が35度くらいの地域は中緯度高圧帯といわれ、赤道で暖められた空気が地上に降りてきたり、極域

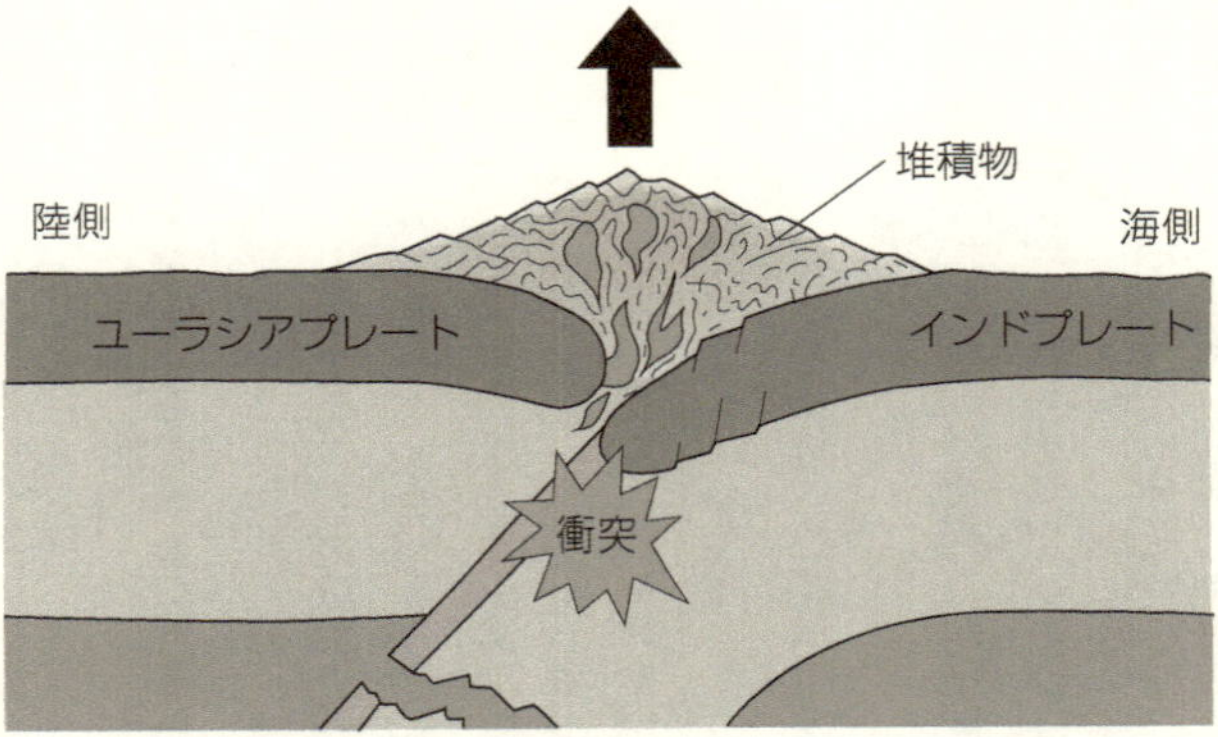

図２－19　ヒマラヤ山脈の形成

の風が暖められて上がってきたりするところで、きわめて乾燥しています。アフリカでも南米でも、この緯度の地域では砂漠が発達しています。ところがヒマラヤの周辺では、湿潤な雨の多い気候となったのです。それはヒマラヤができたために発生した季節風、モンスーンによるものなのです。東京も北緯35度くらいですから、本来ならばまさに歌にあるように「東京砂漠」だったのですが、モンスーンのおかげでそうならずにすんでいるのです。

　モンスーンがつくりだす湿潤な気候によってアジアでは稲作が盛んになりました。中国に黄河文明が発達したのも、ここに理由があります。

海流の変化

　インド亜大陸がユーラシアに衝突したのと同じ頃、このような大陸の大きな変動によって、海の流れが変わっていきました。また、地球最大の太平洋プレートの運動方向がこの頃、大きく変わっています。そのため、いままで流れていた流路が断たれたり、新たな流れが生じたりということが起こったのです。これによって絶滅する生物がいたり、環境が大きく変わったりするという影響がもたらされました。ここでは南極環流、海洋深層水、黒潮、そして北極海などを通してその影響を見ていきます。

●南極環流の成立

これは南極大陸の周囲を回る海流ができることです。超大陸「パンゲア」の分裂により、その南側の大陸「ゴンドワナ」も次々に分裂していきます。南極から見ると、アフリカ、南アメリカ、マダガスカル、スリランカ、インドなどが離れていき、最後にオーストラリアが離れます。すると南極大陸は一つの大陸として、南の極にとり残されます。その結果、それまで「ゴンドワナ」の周辺を流れていた海水は、南極大陸の周囲を回るようになります。これが南極環流です。

南極大陸はほぼ現在の地理上の南極点にあるため気温が低く、南極環流の海水はどんどん冷やされていきます。そのため3600万年前頃から南極に氷ができはじめ、1500万年前頃には巨大な氷床が形成されるのです。その平均高度は現在では3000mにも達しています。

●海洋深層水の成立

南極に氷がつきはじめることによって、海洋深層水の循環がはじまります。海の表層を流れる

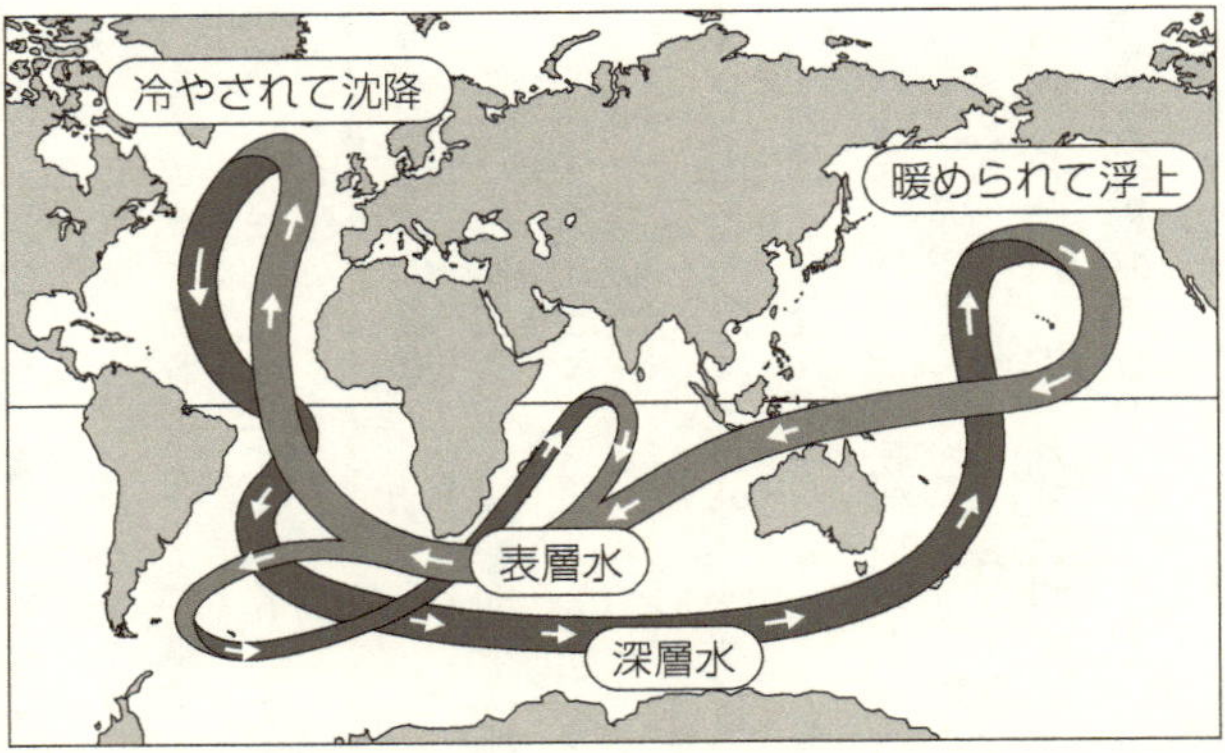

図2－20　海洋深層水の流れ

海流とは別に、水深2000m以深の深海底を流れる海流が発生したのです。

海洋の表層を流れる海流は、極域、とくに北部大西洋グリーンランド沖では、冷やされて、また塩分が濃くなって周囲の海水より重たくなると海水中を沈降して、海底にまで達します。そして海底を這《は》うように南へ流れ、南極近辺でさらに冷たい水と一緒になって、今度は北上して太平洋に向かいます。そこで次第に温められて上昇し、また海洋の表層へ戻るという大循環が、海洋深層水の流れの一例です（図2－20）。

この深層水は地球を一周するのに2000年ほどかかるといわれています。つまり2000年に一度、深層水は入れ替わっているのです。

●黒潮の成立

日本近海を流れる黒潮はわたしたちにはなじみ深い暖流ですが、かつては存在せず、赤道の北を西向きに

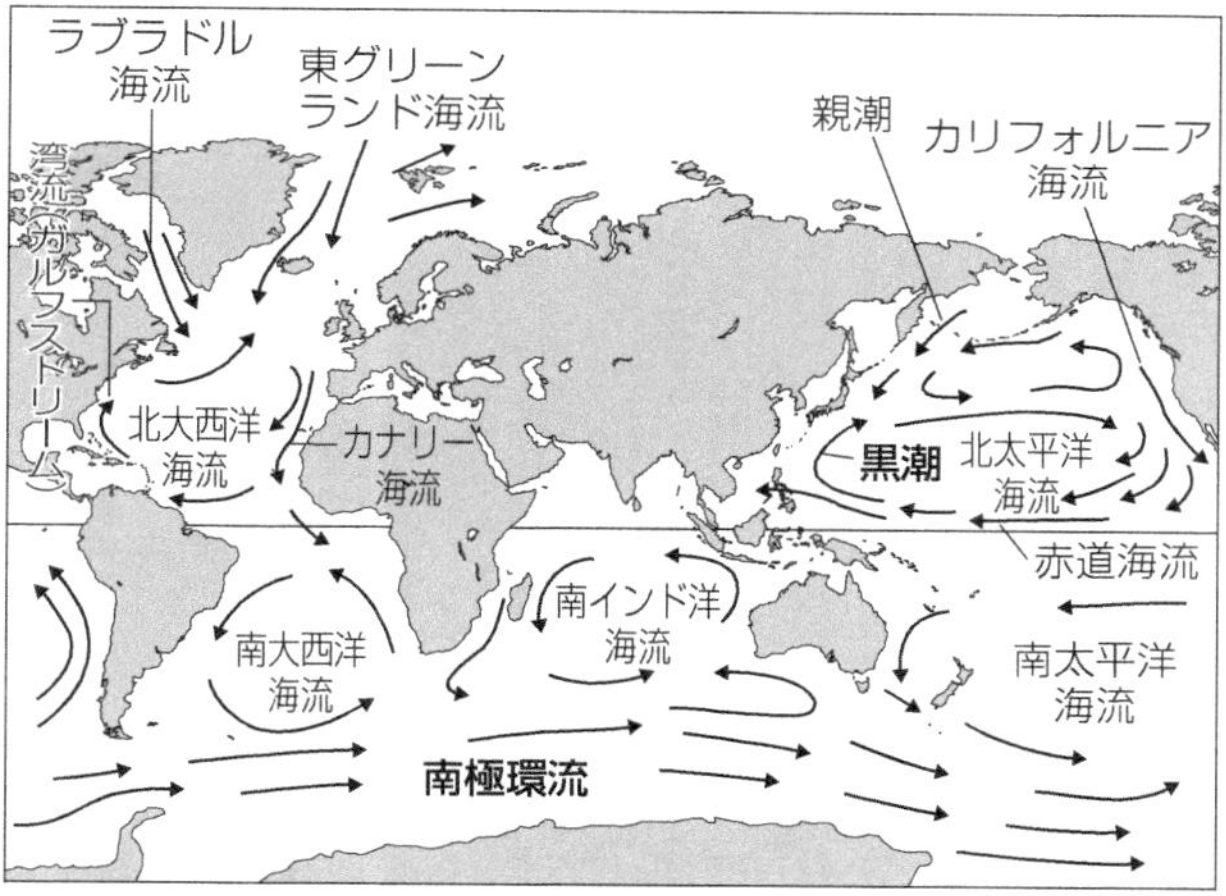

図2－21　世界のおもな海流と黒潮

流れる赤道海流は、遠く西、インド洋へ入る大きな循環をしていました。

ところがインド・オーストラリアプレートの北上に伴って、インドネシアやパプアニューギニアも同様に北上します。やがて、それらはアジア大陸にひっかかり、衝突を開始します。そのためにインドネシアはややこしい多島海になって、太平洋から入った赤道海流はインド洋に向かうことができず北上して、フィリピンや台湾の沿岸を通って日本付近の沿岸を流れるようになります。これが黒潮の起源です。いまから約１７００万年前のことといわれています。

黒潮は魚がこれに乗って回遊したり、わたしたち人間も船の運航に利用したりしています。その厚みは５００ｍもあり、速度は速い軸部では４ノット（時速約７・４㎞）もあります。

●パナマ地峡の成立

インドネシアやインドと同じように、南米大陸も南極から分かれて北上し、やがて北米大陸に衝突します。このため、太平洋と大西洋の狭間に位置する小島どうしがつながり、パナマ地峡が形成されました（図2－22）。パナマ地峡の成立によって、それまで難なく太平洋に入っていた大西洋の海水は遮られてしまいました。大西洋と太平洋がつながってつくっていた大きな海流の循環はなくなり、大西洋は単独での循環を形成していきます。その時代は約３００万年前と考えられています。そして、北極に氷ができたのはこれが原因であると考えられていました。

しかし、最近の深海掘削の結果から、北極に氷ができはじめたのはもっと古く、どうやら南極の氷床の始まりとほぼ同時期の４０００万年前頃であることが明らかになっています。

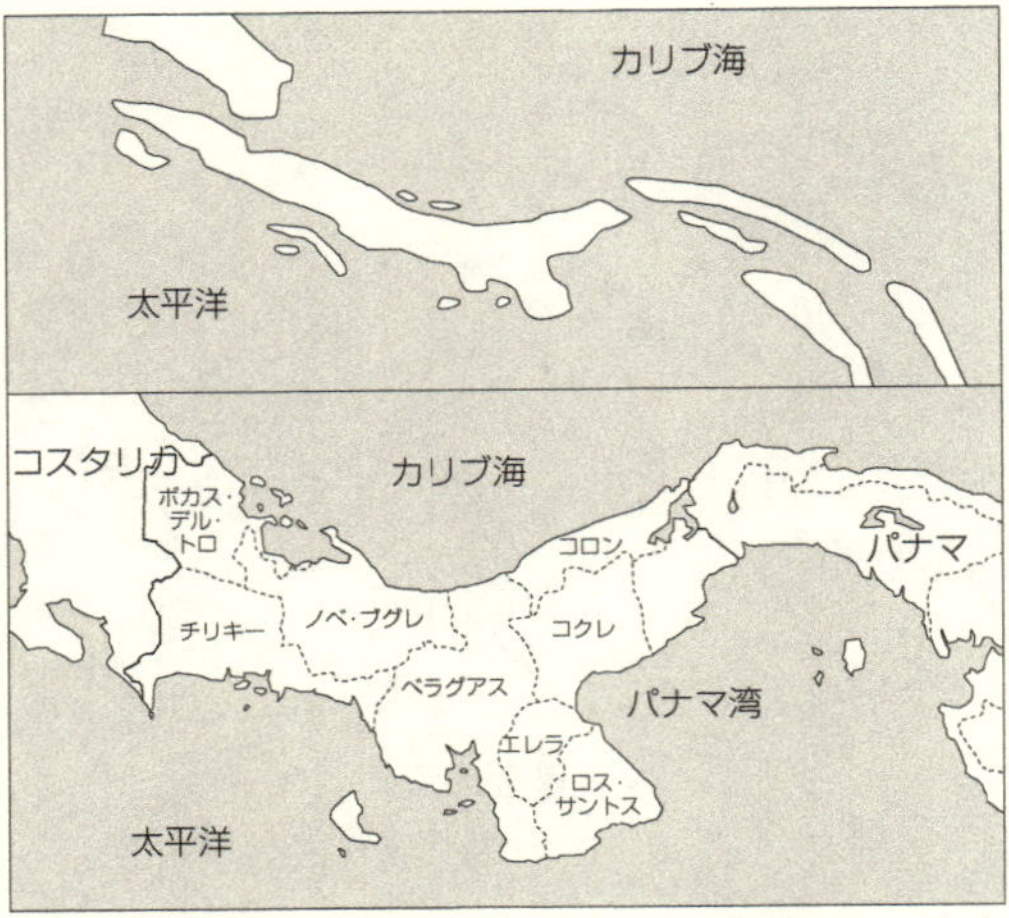

図２－22　パナマ地峡の成立
小さな島々（上）がひとつにまとまり（下）、太平洋と大西洋が遮断された

地中海が干上がっていた

いよいよ地球カレンダーは大晦日、「12月31日」に突入します。この日の「午前11時24分」に、地中海の海が干上がってしまう事件が起きた、といったらびっくりするでしょうか？

実は本当にそうだったらしいことが、深海掘削の結果からわかっています。地中海の深海掘削計画を主導した首席研究員ウイリアム・ライアンとケン・シューはどちらも本を出版していて、この地中海の事件を大々的にアピールしています。

それらによると、いまからおよそ600万〜500万年前のメッシーナ紀に地中海が干上がってしまい、その海底に大量の岩塩や石膏などの塩分が堆積したというのです。この頃、地球は寒冷化していて、海面はどんどん下がっていきました。地中海ではその出口であるジブラルタル海峡が閉ざされてしまい、地中海が湖のようになってしまったのです。大西洋からの水が流入しなくなった地中海ではひたすら蒸発が起こって、ついに干上がってしまったのです。湖が干上がりつつある現在のアフリカのチャド湖のようなものでしょうか。このとき、海水中にあった塩分は沈殿して、石になってしまったそうです。

やがて海面がもとの水準に回復したとき、ジブラルタル海峡やボスポラス海峡を経て、大量の海水が一気に地中海に入り込んだといいます。ライアンらはこのときの様子を「ノアの洪水」と表現しています。たしかにそれは、すさまじい流れだったことでしょう。

氷河期と超大陸分裂

「午後8時40分」、もうテレビでは「NHK紅白歌合戦」が始まっている時刻（約258万年前）に、地球は氷河期に突入しました。

先カンブリア時代に少なくとも3度のスノーボールアース事件があったように、地球史においては陸に氷河がつく非常に寒冷な氷河期（氷河時代）が何度かありました。現在の地球は、新生代の第四紀に入ってから始まったこの氷河期にあるようです。

氷河期が発生する原因としては、スノーボールアースのところで述べた二酸化炭素濃度の低下による温室効果の減少などがあげられ、いまも議論が続いていますが、新生代の氷河期には特有の要因があるという考え方もあります。南極環流の形成により南極に氷がついたこと、パナマ地峡の成立により太平洋と大西洋の間で暖流が遮《さえぎ》られたこと、ヒマラヤ山脈の成立が大気の循環に大きな影響を及ぼしたことなどです。つまり、超大陸「パンゲア」が分裂して海と陸が現在の状態になった大変動が、新生代の氷河期をもたらしたのではないかというわけです。

氷河期の中でも、寒冷な「氷期」と、比較的温暖な「間氷期」が繰り返されています。セルビアの物理学者ミランコビッチは、現在の大陸分布において地球の地軸の傾きの変化や、歳差運

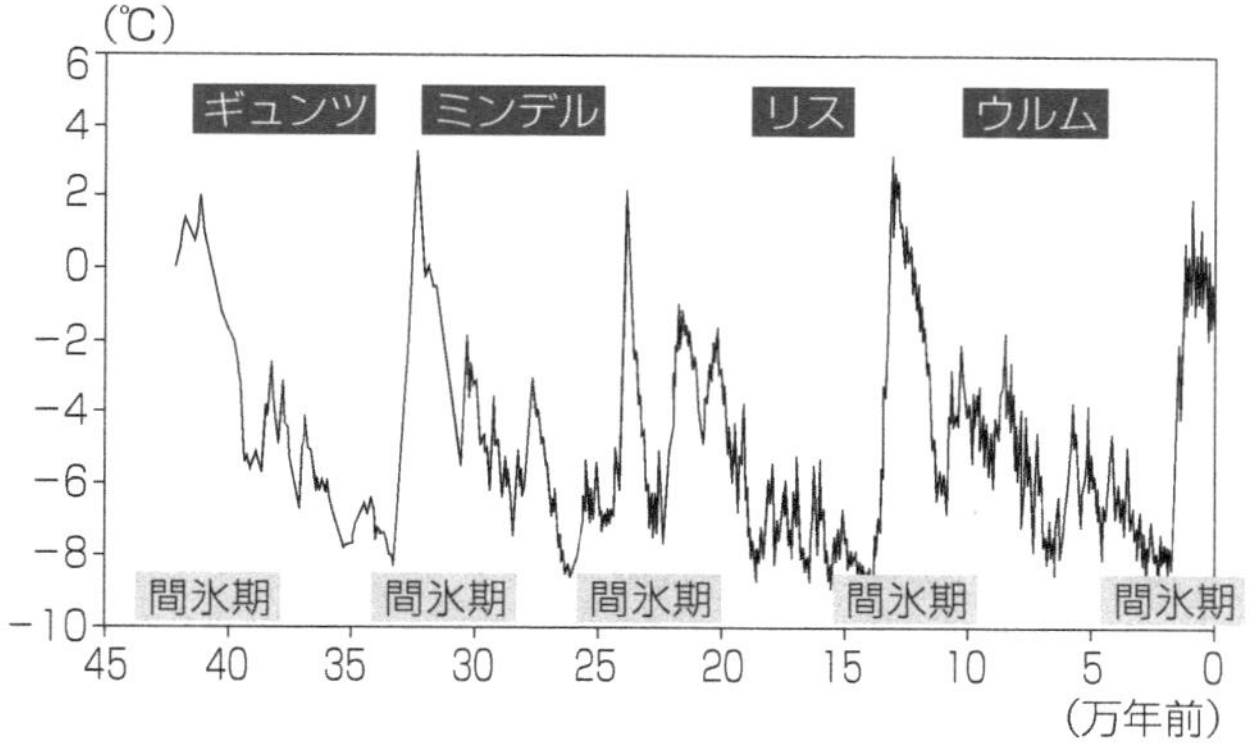

図2－23　新生代の氷河期の歴史

動、公転運動などの周期を総合すると、およそ2万年、4万年、そして10万年というサイクルで太陽の日射量が変動し、地球は温暖化と寒冷化を繰り返すとする「ミランコビッチサイクル」を提唱しています。

新生代の氷河期では、氷期に、アルプスの谷の名がつけられています（図2－23）。古いほうから順にギュンツ、ミンデル、リス、ウルムです（最初に「ドナウ」を入れる考え方もあります）。現在はウルム氷期のあとの間氷期（氷河期にはさまれた温暖な時期）です。海面は氷河期には低下し、間氷期には上昇していくため、海岸線の形はそのつど大きく変わります。たとえばいまからおよそ1万8000年前のウルム氷期には、海面はいまより120ｍも低かったといわれています。東京湾は水深100ｍに満たないので、当時は湾ではなく陸地でした。逆にいまから6000年ほど前の縄文時代には海面はいまより6ｍ以上も高く、海は関東平野の内陸深くにまで入り込んでいました。これを「縄文海進」といいます。埼玉県のさいたま市や茨城県の土浦市あたりにまで海岸線があったことが明らかになっています。

いちばん最近の氷期では、日本海周辺のすべての海峡が閉じて大陸と地続きになり、日本海が巨大な湖になったことがあります。当時の日本海の底には、季節ごとの特徴が表れた縞状の堆積物がたくさん沈殿しています。夏には河川に運ばれた黒い堆積物が供給され、冬には河川からの供給はなくなり海中の白い生物の死骸（おもに珪藻）だけが積もる、白と黒の縞状の堆積物です。寒冷な時代がもう少し長く続けば、日本海も地中海のように干上がっていたかもしれません。

では地球史全体を通じては、地球は温暖だったのでしょうか、それとも寒冷だったのでしょうか。結論をいえば、スノーボールアースと氷河期があったほかは、温暖な気候が支配的であったといえそうです。

12月31日午後11時37分

地球カレンダーではもうすぐ「除夜の鐘」が鳴ろうかという大晦日の「午後11時37分」。ここまで押し迫って初めて、地球上に現代型のホモサピエンスが登場します。わたしたちの祖先です。人類は偉そうなことをいっても、「残り23分」（約20万年前）になるまで、地球には存在していなかったのです。

「残り2秒」で、イギリスで産業革命が始まりました。

「残り1秒」、21世紀が始まりました。

この無にひとしいほどのわずかな時間に、わたしたちは地球や海にどれだけ大きな影響を与えてしまったことかと、きっとみなさんは考えるでしょう。しかし、こうして地球カレンダーを振り返ってあらためて感じるのは、「2月9日」に誕生してから海が地球環境にはたしてきた役割の巨大さに比べれば、人類の営みが与える影響など取るに足らないということです。たとえ人類がこれまで危機感にあふれた活動を繰り返してきたとしても、長いスケールで見れば海にとっては一過性の現象に過ぎません。みずからが破壊した環境のために人類が滅びても、海はまたなにごともなかったように潮騒を鳴らしつづけることでしょう。

海は大気や陸、生物との共進化をとげながら、悠久の時間のなかでゆっくりと大きな循環を繰り返しています。気候の温暖化と寒冷化も、超大陸の分裂と形成も、生物の繁栄と絶滅も、海がそれぞれと連動して生まれる循環です。海は循環しながら、そのときどきでさまざまにかたちを変えているのです。

わたしたちが生きている間に目にすることができる海とは、そのうちのわずか一瞬の姿でしかありません。それでも、いまわたしたちの目の前にある海がどのようにしてできたのか、なぜ海はいまこのような姿をしているのかを知ることが、ゴーギャンの発した問いへの答えに一歩でも近づくことになるのではないでしょうか。

第3部

海水の進化

塩出ろって言ったんだと。すると、出るわ出るわ、後から後から塩がどんどん出てきた。たちまち舟いっぱいにあふれたんで、止めようとしたが止め方がわからない。とうとう舟が沈んでしまって、兄つぁんは石臼もろとも海の底へ沈んでしまったと。それでいまでも、その臼を誰も左へ廻す人がいないので、その臼から塩が出つづけているんだって。そんで海の水はしょっぱいんだとさ。

（日本の昔話より）

ここまで、約46億年の地球史を地球カレンダーの日付に置き換えるという趣向で、海と大気や陸、生命が相互にかかわりあいながら進化してきた共進化の歴史を見てきました。みなさんの頭の中には、海がどのようなタイムスケールで変容し、現在のような姿になっていったのかが、大まかにではあっても、イメージできるようになったのではないでしょうか。

ここからは、海水に焦点を絞って、海の進化をもう一度考えてみることにします。姿かたちだけでいえば、約40億年前（地球カレンダーの「2月9日」）に誕生した海と、現在の海とはあまり変わりはないようです。しかし、その内容には、大きな違いがあります。海水はどのように進化してきたのかを、できるかぎり追いかけてみようと思います。

I 海とは「鍋」である

今度の趣向として、海を一つの「鍋」に見立ててみたいと思います。その理由はもちろん、私が食いしん坊で、とりわけ寒い季節に鍋ものをつつきながら一杯やるのが大好きだからです。しかし、考えてみるとこの思いつきは、あながちでたらめでもなさそうなのです。

鍋は中身がどうであれ、見た目は変わりません。でも鱈《たら》ちりなのか湯豆腐なのか、あるいは豪勢にすっぽん鍋なのか、中身によってまったく別の料理になります。

鍋は食べながらどんどん中身が出入りします。よい頃合いに煮えたものは口に入れ、そのあと材料を新しく足していきます。それによって、中身はさまざまに変化します。これらは、海にもまったく共通することです。考えるほどに、面白いほど似ているような気がしてくるのです。

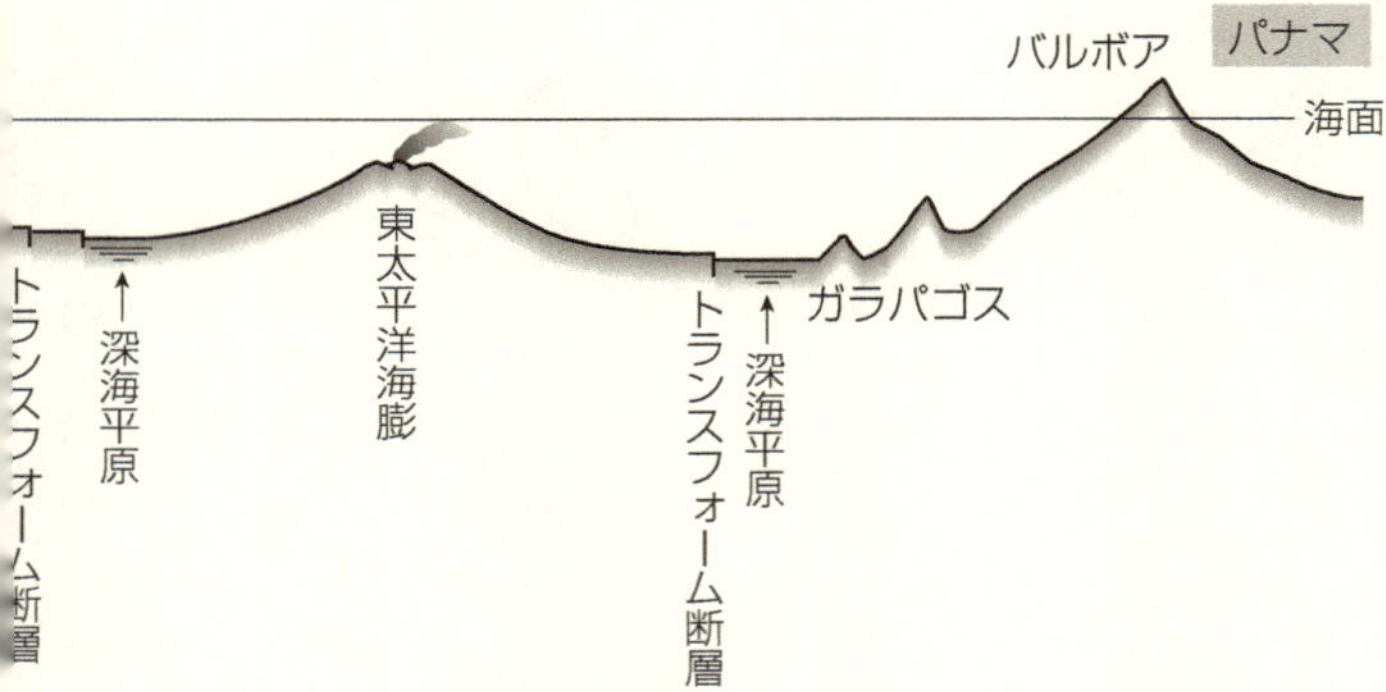

そこで、これからは「海は40億年かけて煮込んだ鍋である」という観点から、海の中身がどう変わっていったかを考えていこうと思います。

太平洋横断で見る驚異の地形

どんな材料を入れるにせよ、まず入れ物である「鍋」がどんなかたちをしていて、どんな材質でできているのかは大切なことです。海においては、海水はどのような入れ物に入っているのか、つまり、鍋底である海底はどんなかたちをしているのか、ということになります。

海底のかたちを見るには海水をすべて取り去るしかありませんが、もしそれができたら、誰もが驚くに違いありません。実は海底は、陸地よりもはるかに起伏に富んだ、そして大規模な構造をもっているのです。

論より証拠、ここで少し、海底を潜って太平洋横断

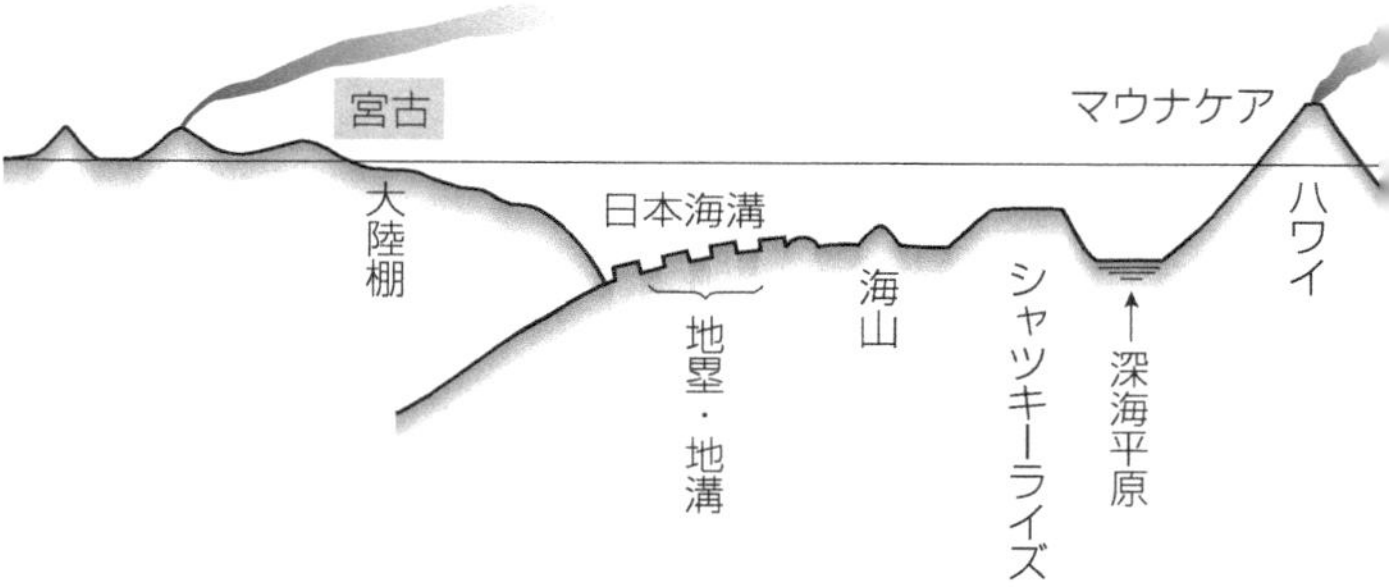

図3－1　太平洋の海底地形

の旅をしてみましょう。出発点は岩手県の宮古にします。ここから太平洋を横切ってパナマをめざすと、海底の驚くべき地形を見ていくのにちょうど都合がよいのです（図3－1）。

宮古湾を出ると、海底には比較的平坦な面が水深100mあたりまで続きます。これは大陸棚です。この平坦面の端から、やや急な斜面が現れます。大陸斜面です。斜面を下る途中には、陸から運ばれた堆積物が厚くたまって何段かの深海平坦面をつくっています。

やがて斜面はさらに急になり、延々と続きます。いったいどこまで下るのかと不安になる頃、ようやく平坦な海底にたどり着きます。日本海溝です。その水深は7000mを超えます。

海溝底からは緩やかな上り斜面になります。水深6200mほどまで上ると、凸地と凹地の繰り返しがしばらく続きます。地塁・地溝と呼ばれる、沈み込むプレートがたわんだため断層に地面が落ちこんでできた地形です。地震はここで発生します。やがて広大な深海平原に達します。堆積物で覆われた平坦な面のところどころに、海山《かいざん》と呼ばれる海中の山が見えます。なかには富士山よりも高い山や、5000mを超す山もあります。続いて見えてくるのがシャッキーライズと呼ばれる海台です。海台とは頂上が平坦な隆起で、いわば海の台地なのですが、シャッキーライズはなんと日本列島よりも巨大です。ハワイに近づくと、海山が列をなしている「天皇海山列」にぶつかり、次に姿を現すのがマウナケア火山の雄姿です。海底から頂上までの高さは9000m以上、もし海水がなければ、エベレストをもしのぐ世界最高峰です。

ハワイから東にしばらく進むと、「トランスフォーム断層」と呼ばれる溝に出くわします。プレートの食い違いでできた断層で、その全長はなんと6000㎞にも達します。そのあと現れるのが海底の巨大山脈、東太平洋海膨です。頂上の水深は2500mほどですが、幅が1000㎞近くにも及んでいます。

なんとかこれを越えると水深5000mほどの深海平原になり、やがてダーウィンが調査したガラパゴス諸島を通過します。海底から見るとそれは、たえずマグマを噴き上げる海の巨大山脈、海嶺なのです。最後に、サンゴ礁が美しい群島バルボアを横切り、ついにパナマへ入ります。これで太平洋を横断することができました。

いかがでしょう。海底がいかに大規模でダイナミックな構造に満ちているかがおわかりいただけたのではないでしょうか。海という「鍋」の底は、実はかなりでこぼこなのです。

もうひとつ意外なのは、多くの人は海というものは岸から遠ざかるほど深くなると思っているでしょうが実はその逆で、岸に近いほど海溝などの深い構造があり、遠ざかるほど浅くなっていることです。縁だけが深い「上げ底」といえるかもしれません。

海の「材質」は陸より重い

次は、「鍋」の材質です。海と陸は、一見同じ地続きの岩でできているように思えますが、実はそうではないのです。そのことを示す、次のようなデータがあります。

陸上の最高点であるヒマラヤ山脈のエベレスト山（8848m）から、海洋の最深部であるマリアナ海溝のチャレンジャー海淵（1万920m）まで1000mごとに、その高さ（海は深さ）の地形が地球の表面積全体のどれだけの割合を占めるかを見ていくのです。これを「ヒプソグラフ曲線」といいます（図3-2）。すると、陸上でもっとも広い面積を占めるのは1000m以下の地域で、地球表面積の20・9%。ところが、海でもっとも広い面積を占めるのはなんと水深4000〜5000mの場所で、23・2%にもなることがわかります。深海底が地球の表層でもっとも面積が大きいのです。その差は5000mですから、深海底から見ればわたしたちは

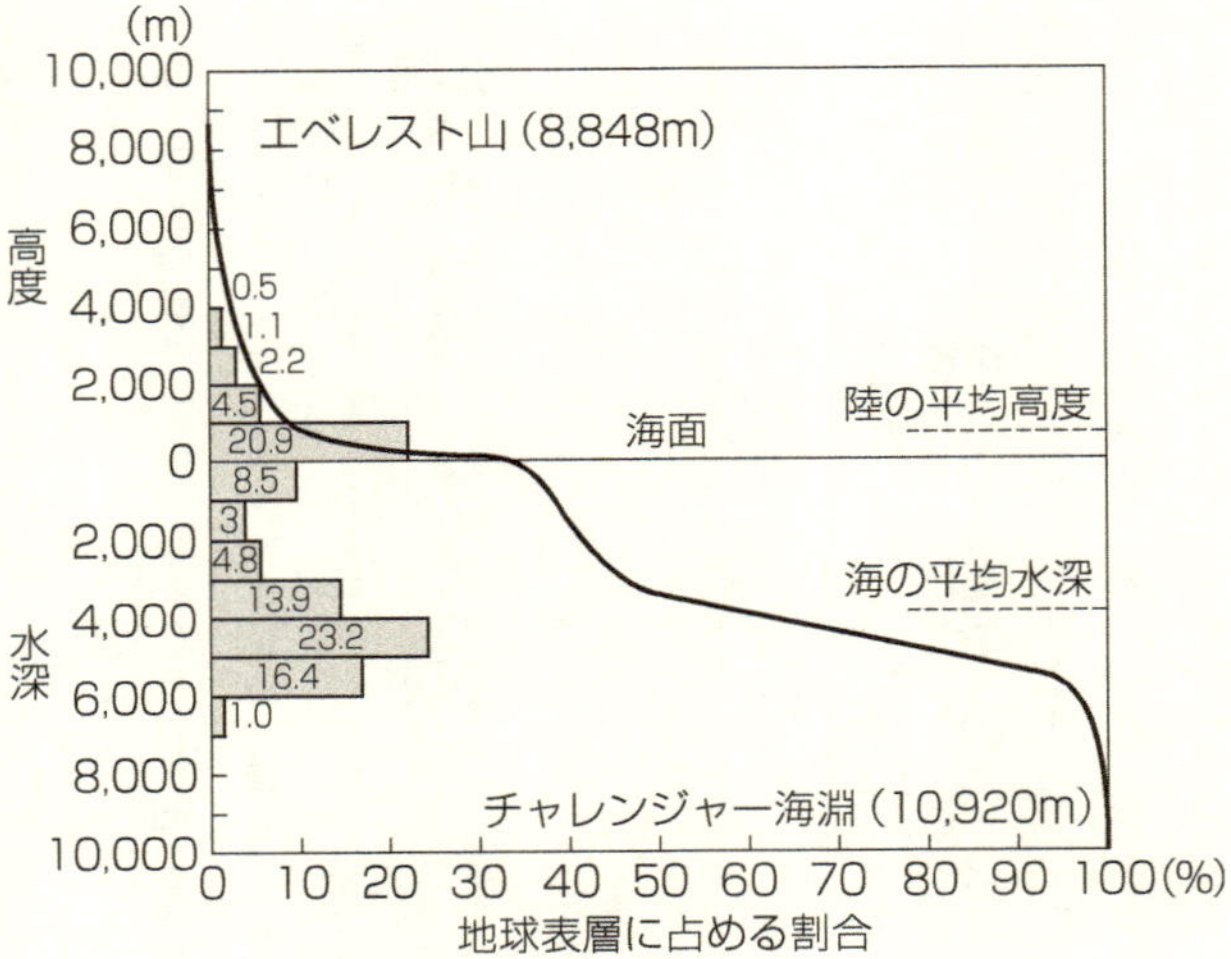

図3－2　ヒプソグラフ曲線

500mの高地に住んでいることになります。また、陸の平均の高さは840mであるのに対し、海の平均の深さは3700mにもなります。

さて、この数字は何を意味しているのでしょうか。

ここで、第1部で述べた、隕石重爆撃によって初期の地球にマグマオーシャンができたときのことを思い出してください。ドロドロに溶けた地球では、やがて重力によって再配列がなされ、同心円状の構造ができあがったのでした。それは重い物質ほど沈んで、中心部に近いところに位置するという構造でした。つまり、海は重いために中心に向かって沈もうとしているから、深くなるのです。そして陸は海よりも軽いために、海より上（同心円構造の外側）に、いわば「浮かんで」いるのです。

海と陸の重さが違うのは、それぞれの「材質」が違うからです。海はおもに玄武岩からできています。一方、陸はおもに花崗岩からできています。

玄武岩はマグマが地表に出てきて固まった、ガスの抜けた小さな孔が空いた黒っぽい岩石で、伊豆大島や富士山をつくっています。花崗岩はよく墓石やビルの外壁に使われる石で、地下深くでマグマがゆっくりと固まってできた石です。

密度は玄武岩が３・０ｇ／ccで、花崗岩は２・７ｇ／ccです。海をつくる玄武岩のほうが密度が大きく、重いために、より地球の中心近くに引っ張られます。つまり、海はつねにより深くへ沈もうとしているのです。

海という「鍋」は意外に重い材質でできているといえます。

水でなければ「鍋」はできない

「鍋」について考えるためにはもうひとつ、忘れてはいけないものがあります。「鍋」に入れる水です。

わたしたち日本人はあまりにも水に恵まれていて、空気と同様にその存在をふだん気にすることがありません。しかし、水は海にとってきわめて重要な性質をもっています。地球の海が液体の状態の水で満たされていたことが、環境の形成や生物の発生に欠かせない役割を果たしていました。ここで、その特徴を押さえておきましょう。

実は、水はほかの液体と比べてかなり変わった性質をもった物質です。その第一の特徴は、第2部のスノーボールアース事件のところでも述べた、4℃で体積がもっとも小さく、密度がもっとも大きくなることです。そのため、0℃より冷えて固体の氷になると、体積が大きくなり、密度が小さくなります。だから氷は水に浮くのです。北極の氷や南極の氷山などが海上に浮くのも、そのためです。スノーボールアースのときにも生物が死に絶えなかった理由のひとつに、海面は凍結しても4℃の水が海底のほうに液体として残っていたことがあるのは述べました。

第二に、水には熱容量がきわめて大きいという特徴があります。物質の中でもっとも温めにくく、冷めにくいのです。水1gの温度を1℃上昇させるのに必要な熱量は1calですが、たとえばエタノールならば約0・6cal、鉄なら約0・1calあれば1℃上昇します。水のこの性質は、海の急激な温度変化を防ぐ役割を果たしています。「鍋」をやるときも、もし水の代わりにエタノールを使ったら、たちまち煮えたぎってしまって収拾がつかなくなってしまうはずです。また、水は蒸発するのにも大変なエネルギーを要します。1gの水が蒸発するためには532calの熱が必要なのです。このことも、液体の水で満たされた海が存続するうえで非常に重要な特徴です。すぐに蒸発してしまっては「鍋」は焦げついてしまいます。

元素	海水中での化学種	濃度（gkg^{-1}）
塩素	Cl^-	19.354
ナトリウム	Na^+	10.77
硫黄	SO_4^{2-}	2.712
マグネシウム	Mg^{2+}	1.290
カルシウム	Ca^{2+}	0.412
カリウム	K^+	0.399
炭素	HCO_3^-	0.142
臭素	Br^-	0.0673

表3－1　海水に含まれるおもな元素

第三に、水には物質を溶解する性質があります。このため海は物質の出入りに寛容で、さまざまなものを溶かしこんでいるのです。いわば栄養満点の「寄せ鍋」をつくるためには、水は欠かせないものであるといえます。

こうして見ると、水が海という「鍋」に果たした役割がいかに大きいかがわかります。

「猛毒」の海

では最初に、現在の海の成分はどのようなものかを見てみましょう。

現在の海水は、８つの元素で99％が占められています。これはさまざまな海域で海水をくみ上げて調べた結果、わかったことです。８つの元素とは、塩素、ナトリウム、硫黄、マグネシウム、カルシウム、カリウム、炭素、そして臭素です（表３－１）。

なかでもナトリウムと塩素が占める割合がかなり大きいのが特徴です。この2つの元素が化合して塩化ナトリウム、つまり食塩となるために海水は塩からいのです。

では、過去の海の成分はどうだったのでしょうか。物的な証拠を示すことはきわめて難しいのですが、原始の海水の成分は、原始の海のなりたちから見ておそらく、第1部でも述べたように火山ガス由来の水蒸気、窒素、炭酸ガス、一酸化炭素、塩酸などからなっていたと考えられています。現在の成分と比べると、湯豆腐とキムチ鍋どころではない大きな違いです。一酸化炭素や塩酸を含む「猛毒」の海など、おそろしくて近寄ることもできません。

この違いはとりもなおさず、40億年以上をかけて海という大きな「鍋」をさまざまな物質が出入りすることによって、海が大きな変容をとげたことを物語っています。それはいったい、どのような出入りだったのでしょうか。

Ⅱ 海に入るもの

まず、海の中にどのようなものが入ったのかを考えてみます。成分に影響を与えると考えられるおもなものは、次の3つです。

●火山活動がもたらすもの
●風や雨が運んでくるもの
●河川が運んでくるもの

では、火山活動によってもたらされるものから順に見ていきましょう。これは海のはじまりからの成分でもあります。

火山活動がもたらすもの

火山活動は地球誕生から現在まで、さまざまな場所で起こっています。島弧の火山、海嶺の火山、ホットスポット、スーパープルームによってできた火山などによるものです。

火山活動が起こると、地球内部にあったマグマが溶岩や火山灰などとして噴出します。それらの物質は海の中にも入ってきます。海底で火山活動が起こると、マグマによってもたらされた物質は、そのまま海に入ります。また、火山ガスが海水中に溶けることもあります。

かつて何度か、直径1000㎞にも及ぶマグマをもたらす、巨大マントル物質スーパープルームが、地下約2900㎞から地表へ噴出したことがあります。そのためインドのデカン高原やシベリアの台地などでは、想像を絶する量のマグマの産物である玄武岩台地がつくられました。これらの火山物質は直接的、あるいは間接的に海に入り込みます。パプアニューギニアの東の海底にあるオントンジャワ海台は、日本の面積の約6倍もある巨大な玄武岩台地です。その溶岩の体積は富士山の溶岩の約5万倍になるともいわれています。これが活動していたのは白亜紀の頃でした。当時は莫大な量のガスや溶岩、火山灰を海の中にもたらしてきたことでしょう。

こうして海に入った火山物質が、さきにもあげた水蒸気、窒素、炭酸ガス、一酸化炭素、塩酸などです。しかし、現在も地球ではあちこちで火山活動は続いています。わたしたちにとって危険なこれらの物質は、いまもたえず「鍋」に入っているのです。にもかかわらず、なぜ現在の海は塩からいだけですんでいるのでしょうか。あらためて疑問が湧いてきます。

風や雨が運んでくるもの

ふつうに考えれば、上空から風や雨によって運ばれて広い海面を通して入る物質が、「具」のかなりの割合を占めそうにも思えます。

風によって運ばれるものを、エオリアンと呼んでいます。毎年春になると、中国から黄砂が飛んできて、西日本では太陽が見えなくなるような日があります。大西洋を航海していると、船の甲板にサハラ砂漠から飛んできた砂が堆積することがあります。「進化論」のダーウィンもこのことを『ビーグル号航海記』に書いています。また、サハラ砂漠の砂は、パリに赤い雨を降らせることもあります。これらがエオリアンです。

鹿児島の桜島の噴火にともなって、火山灰が飛んできて洗濯物が汚れたり、空が見えなくなったりすることもあります。関東地方にあるローム層も、火山の噴火によって運ばれた赤土が土壌になったものです。火山灰はエオリアンの主要な要素であり、その意味では、これも火山活動がもたらすものともいえます。

巨大な火山噴火で成層圏にまでまき散らされた火山灰は、数年間地球を取り巻き、地球の気温を下げるといわれています。アイスランドのラキの噴火は、天明の浅間の噴火と同じ1783年に起こり、ヨーロッパと日本にともに大飢饉を引き起こしました。ラキの噴火は1789年にフランス革命が起こる要因になったとも考えられています。

火山灰は「灰」という名はついていますが、紙などが燃えて炭化した灰とは違い、火山物質がきわめて微細になったものです。したがって成分としても、火山活動がもたらすものとほぼ同じであり、原始の海を変えるはたらきは期待できません。また、黄砂などの砂は、海底に沈んで堆積物となりますので、海水の組成に大きな影響を与えることはありません。

では、雨が運んでくるものはどうでしょうか。雨水の成分はほとんどが水ですが、地上に落ちてくる過程で周囲の大気中に含まれている物質を「道連れ」にします。そのため、重金属などが微量ながら雨となって降ってきます。近年では、酸性雨が環境問題として大きくとりあげられるようになりました。これは硫酸や硝酸、塩酸などの強い酸性を示す物質が雨水に含まれることで起きる問題です。海でも人間にとっては有害なプランクトンが大量発生したり、魚が死んだりするなどの影響は出ているようです。とはいえ、これらは海水の成分が変わるというスケールの話ではありません。海が誕生したときのようなすさまじい豪雨でもないかぎり、雨が運んでくるものはあまりにも微量すぎるようです。

河川が運んでくるもの

実は、海に入る物質の大部分は、河川によって運ばれてきているのです。大雨のときなどに川が濁流となって濁っているのは、砂や泥、あるいは大きな礫などが混在しているためです。これらの物質は、最終的には海になだれ込みます。その量がとてつもないのです。

たとえば天竜川や黒部川のダムは、川から運ばれてきた土砂に短時間で埋め尽くされます。ダムがなければ、これらがすべて海に運ばれているのです。

世界の四大文明は大きな河川の河口に発達しましたが、そのような河口からは、莫大な量の物質が海へ運ばれています。そして河口にはデルタをつくるのです。ナイル川や黄河、揚子江の河口に発

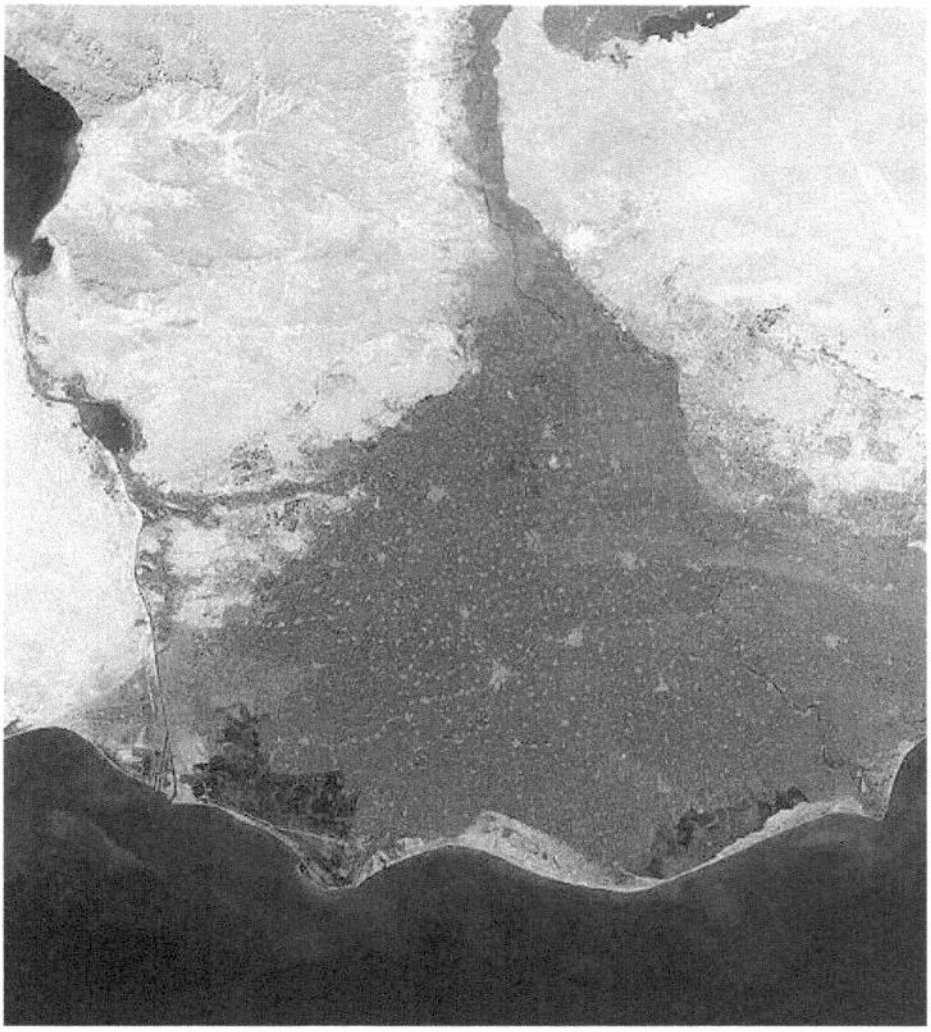

図3－3　ナイル川河口のデルタ

達するデルタは、その堆積物の量を想像するのもおそろしいほどです。最たるものは「世界の屋根」といわれるヒマラヤ山脈から、その南の、インドの東にあるベンガル湾に運ばれる土砂でしょう。「湾」といってもベンガル湾は日本海よりも広いのですが、その底にたまった堆積物の厚さは、なんと9㎞もあるといわれています。実に、地上にそびえるエベレストよりも厚く積もっているのです。

なお、こうした堆積物に含まれていた有機物は酸素のない環境で保存されるうちに変化して、ガスや石油になります。メキシコ湾や南シナ海、アラビア海などの石油が大きな河川の河口から採掘されるのはこのためです。

川というものが地球にいつからできたのかはわかりませんが、ナイル川や黄河のような大きな河川が形成されたのは大陸ができ、さらに超大陸となった約19億年前以降ではないかと考えられます。

大きな河川は、河底の土砂を削剥《さくはく》して海へ運びます。また、河川には土壌から溶かし出された物質の元素も、イオンのかたちで溶け込んでいます。土壌の物質を溶かすものには、河川の水のほかに、雨水があります。地表に降りそそいだ雨水は、岩石と反応して粘土鉱物などに変えていきますが、その過程で岩石の成分が溶かし出されるのです。

大陸をつくるおもな物質は、すでに述べたように花崗岩です。そのほかには、安山岩があります。いずれもマグマからできた火成岩で、長石や石英という鉱物を多く含んでいます。

このうち長石とは、ナトリウムやカルシウム、カリウムを含む白い鉱物で、たいていの岩石には見られます。とくに陸上の花崗岩などには、長石に由来するナトリウムやカリウムが多く含まれています。アメリカの地球化学者フランク・クラークは、陸上の5159個の岩石の化学組成を分析して、地表付近に含まれる元素を多い順に示した「クラーク数」を発表しました（表3－2）。それによればカルシウムは第5位で鉄の次に多く、地表付近に占める割合は3・39％。次いで第6位がナトリウムで2・63％、第7位がカリウムで2・40％となっています。

順位	元素	クラーク数（%）
1	酸素	49.5
2	ケイ素	25.8
3	アルミニウム	7.56
4	鉄	4.70
5	カルシウム	3.39
6	ナトリウム	2.63
7	カリウム	2.40
8	マグネシウム	1.93
9	水素	0.83
10	チタン	0.46

表3－2　クラーク数（第10位まで）

これらの元素を含むとてつもない量の土砂が、海に入り込むのです。海水の組成を変えたのは、実はこれらの元素だったのです。

なかでも注目すべきは、現在の海水では2番目に多いナトリウムでしょう。長石という鉱物は、風化や雨水などによる化学的な侵食などで分解すると、粘土鉱物に変化します。その際にナトリウムを放出し、それがイオンとなって川の水に溶け込みます。

それが海に注がれます。海には火山活動によってたえず塩酸が供給されています。塩酸は塩素と水素の化合物です。海に運ばれたナトリウムはこの塩素と結びつき、塩化ナトリウムをつくるのです。すなわち「塩」です。

こうして海水は塩からくなっていき、さらには塩酸という生物にとっての猛毒が、海から除去されていったのです。つまり、河川によって陸から運ばれた物質が、海を変えたということができます。これも海と陸のひとつの「共進化」といえるでしょう。

宇宙から飛んでくるもの

そのほかに、実態がよくつかめてはいませんが、海には宇宙空間から飛来したものも入ります。隕石や、マイクロテクタイトと呼ばれる細かいガラス質の岩石です。陸に落下した隕石はおもに南極で見つかっていますが、海に落下したものは見つけることは困難です。それでも地球の表面の約70％は海なのですから数知れない隕石が落下したと思われますが、それらが海の成分に与えた影響はわかっていません。

現在、地球のまわりには無数の人工衛星が飛んでいますが、いずれはこれらも瓦礫となって海に落ちていくことでしょう。

マイクロテクタイトは宇宙塵《じん》のようなもので、火山灰と同様、砂粒くらいの大きさです。それ自身はめったに見つからないのですが、地質時代の堆積物の中にそれらが濃集している場合があります。これはおもに、隕石どうしの衝突によってきわめて高温になった破片が、宇宙空間で急冷されてガラス質の岩石になったものです。

そのほかの要因

海がふつうの鍋と違うのは、「底」から入ってくるものもあることです。

第2部でも述べた深海の熱水系では、海底から金属の硫化物を溶かしたガスや流体などが盛んに噴き出しています。これらがチムニーをつくります。

海底からはほかに、海底火山の活動による火山ガスや、「未来の燃料」として期待されるメタンハイドレートも出てきます。メタンハイドレートは前述したようにメタンと水が固体となった結晶ですが、温度が上がったり圧力が減少したりすると、メタンと水に分解して海水中に放出されます。そのほかに、石油が地下深くからなんらかの原因で海底に噴き出すこともあります。

また、かつてのシアノバクテリアのような影響力はありませんが、生物が物質をつくりだしてもいます。たとえばサンゴ虫は、炭酸カルシウムを分泌して硬いサンゴ礁を形成しています。これが石灰岩という岩石になります。このプロセスで、海水からは二酸化炭素とカルシウムが除去されて、代わりに水と酸素が放出されます。

海の表層の二酸化炭素を生物が取り込んで、海底に持ち込むことを「生物ポンプ」といいます。海の表層には太陽の光を浴びて光合成し、二酸化炭素から有機物を合成する植物プランクトンがたくさんいます。また、炭酸カルシウムの殻を形成する円石藻（ナノプランクトン）などの生物もいます。炭酸カルシウムの殻には二酸化炭素のもとになる物質が含まれています。これらの生物が死ぬと海水中を落下していき、海底に二酸化炭素が持ち込まれるのです。

このために、海の表層と底層とでは、海水の成分が変化します。生物が落下するさまは、まるでしんしんと雪が降るようなので「マリンスノー」といわれています。その名づけ親は日本人研究者です。当を得たすばらしい名前だと思います。

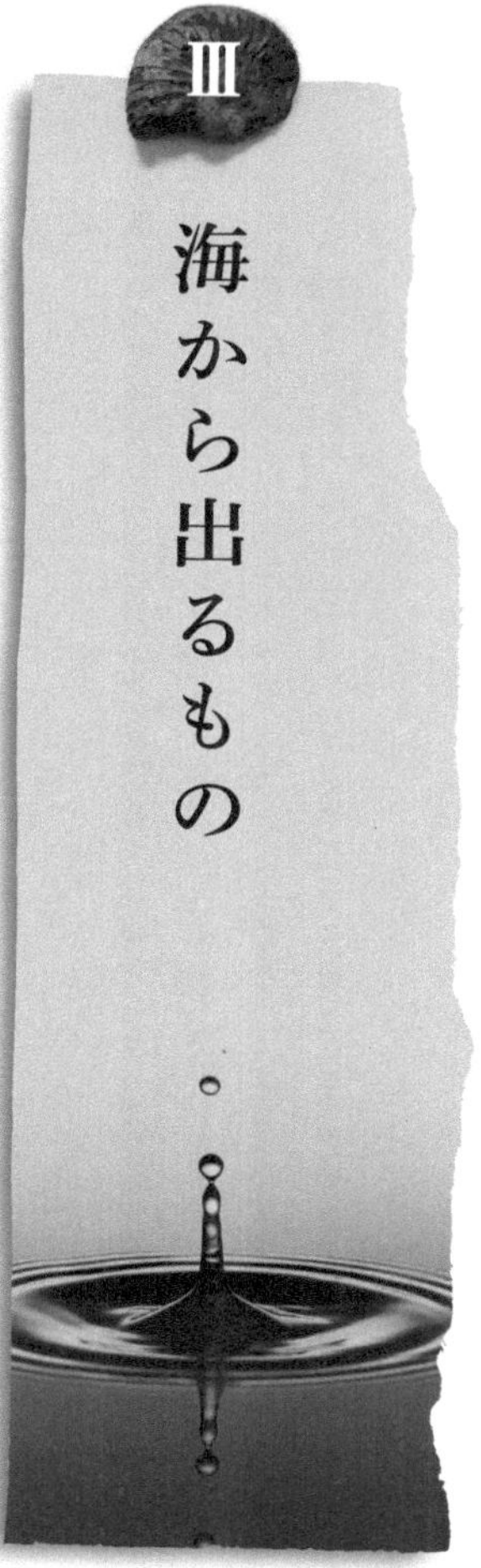

Ⅲ 海から出るもの

次に、海という「鍋」から出ていくものについて見ていきます。

海から出ていくものには、表面から出ていくものと、海底、つまり「鍋底」から出ていくものとが考えられます。

海の表面から出ていくものの代表は、水や水蒸気です。太陽のエネルギーによって暖められて蒸発し、表面から大気へと出ていった水や水蒸気は、雨や雪となって再び戻ってきます。したがって失われるというよりも、海洋と大気の間で循環しているといえます（図3－4）。

では、海底から出ていくもので、もっとも主要なものは何でしょうか。実は、これもやはり水なのです。

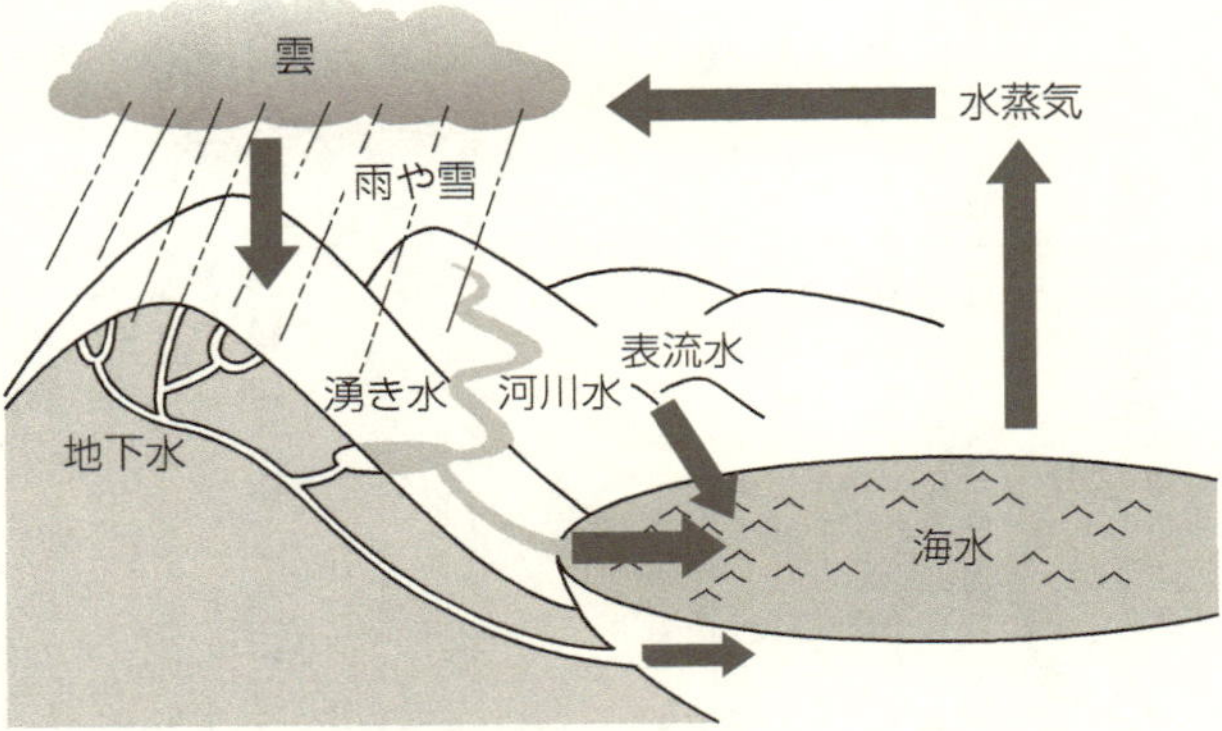

図３－４　「海表」と大気の間での水の循環

水が出ていくしくみ

海底下で移動するプレートは、自分自身だけでなく、その上に載っている堆積物や構造物をも同時に運んでいます。堆積物のほとんどには、大量の水がH_2Oだけでなく「ＯＨ」というかたちで含まれています。また、プレートをつくっている岩石にも水が含まれています。必ずしもH_2Oというかたちでなくても、水は鉱物の中に存在しうるのです。これらの水は鉱物や堆積物を熱すると外に出てきます。

さて、プレートに含まれた水は海溝に沈み込んで、地球内部の深さ６７０㎞のところにある上部マントルの、底にまで運ばれます。マントルの中へ入った水は、周辺の岩石の融点を下げ、岩石は部分的に融解してマグマを形成します。水が入ると冷やされるはずなのに、なぜ岩石の融点が下がるのか、と不思議に思われるかもしれません。その説明は難しいのですが、簡単にいえば、岩石というものをさまざまな融点をもつ成分の混合物と考えたとき、その混合物に融点の低い物質が混じると、それによって全体の融点が下がるのです。水が岩石に溶け込んで構成物質のひとつとなると、水は岩石中のどの物質よりもはるかに融点が低いので、岩石全体の融点も下がるというわけです。

マグマに含まれる水はやがて、火山活動などによって地表に噴き出し、大気に吸収されて雨や雪となって降りそそぎます。こうして海底から出た水も、やはり戻ってくるのです。これは海の表面と大気の間での水の循環と同じような、海底と大気の間での水の循環ということができます（図3－5）。

ただし、周囲の温度が低いとマグマはできず、水が岩石の中に閉じ込められたまま、マントルがある地下深くに沈み込んでいきます。その場合、水は周辺のマントルをつくる主成分であるかんらん岩などと反応して、蛇紋石《じゃもんせき》などの含水鉱物をつくります。含水鉱物とは水を内部に「OH」などのかたちで取り込んだ鉱物のことです。含水鉱物を含む岩石は地下深くに沈み込んで周辺の温度が高くなると、分解して、水を放出します。

いずれにしても海底に沈み込んだ水は、このようなしくみで基本的にはやがて地表に戻ってくるのです。

ところが、ひとつ気になるデータがあります。現在、海面の高さはかなり下がってきていると

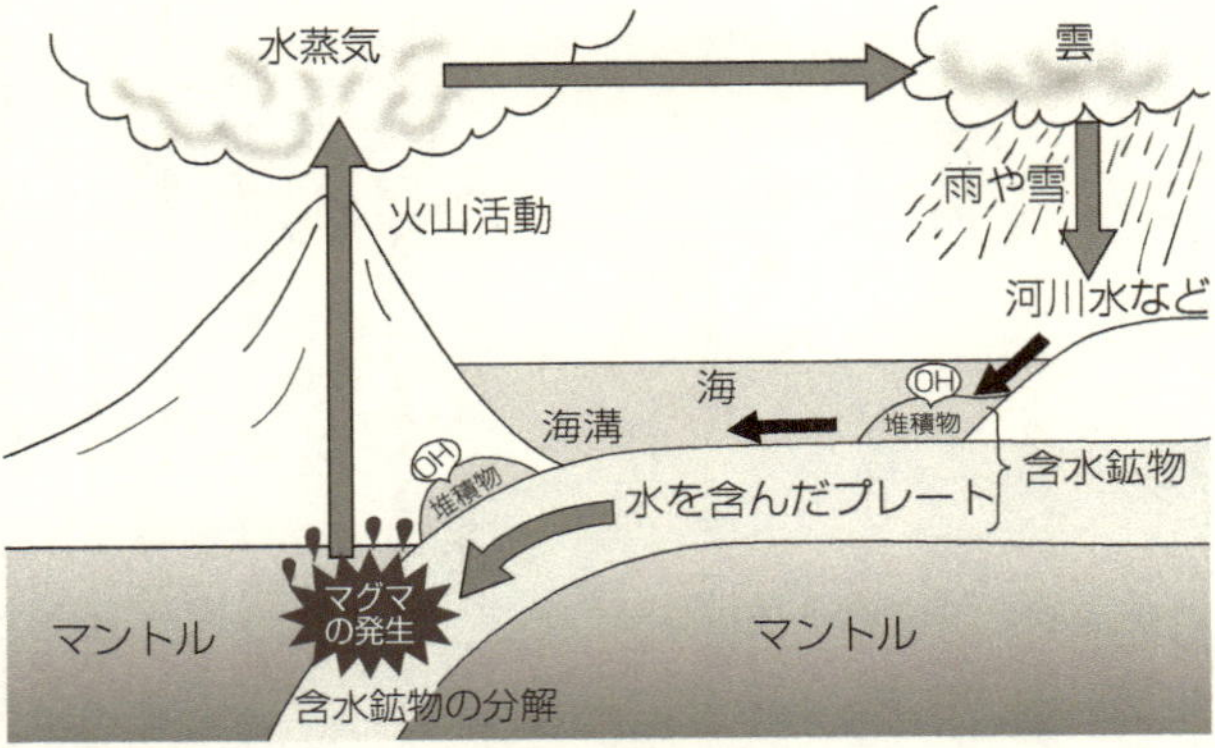

図3－5　「海底」と大気の間での水の循環

いうのです。

過去の6億年の間で、海面がもっとも低いレベルに下がったことが3回あるという考えがあります。1度目は約5億5000万年前、2度目は約2億5000万年前、そして3度目が現在だというのです。海面の高さは海水の温度によっても変わりますから一概にはいえないのですが、海から水が減っていっている可能性があるのです。この問題については、第4部でもう一度考えます。

元素の滞留時間と分布

出ていくものの筆頭が水とはやや意外だったかもしれません。もちろん、海にはほかにもさまざまなものが出入りし、地質学的な時間の変遷のなかで何かが多くなったり少なくなったりしています。出入りする物質を元素の単位で見てみると、海水には天然に存在する92種類の元素がほとんどすべて入っているのです。

元素が海水に入ってから、蒸発したり海底に沈殿したりして出ていくまでの時間を、滞留時間といいます。お風呂に入る時間が人によって、長湯だったりカラスの行水だったりするように、滞留時間も元素によって違います。たとえばナトリウムのようにイオンになりやすい元素の滞留時間は、2億年以上です。しかし、酸化しやすい鉄のようにほかの物質と結びつきやすいものは、あっというまに化合物をつくって海底に沈殿してしまいます。だから海水中の鉄はきわめて微量でしかありません。滞留時間とは、このような元素の特徴を踏まえて海水の成分を考えるときに使われる尺度です。

また、海水中の元素は決して一様には分布していません。表層には多くてもある深さからは少なくなるものや、その逆のものなどさまざまです。たとえば酸素は1000〜1200mほどの深さでもっとも少なくなります。これを酸素極少層といいます。表層から落下してくる有機物を、このあたりの深さにいる細菌が分解するときに、水中の酸素を使うためです。ただし太平洋と大西洋ではその深さは異なります。

東京大学海洋研究所（当時）の野崎義行氏は、海水中でのいろいろな元素の存在量を、鉛直方向で比較した「微量元素分布周期表」を作成しています。海水中のすべての元素の分布を知るというのは大変な仕事です。それによれば、水深によって元素の分布が違うことがわかります。彼は若くして惜しまれながら亡くなりました。

また、海という「鍋」の成分を決める要素としては、温度も見逃せません。温暖なところでは海の表層が暖められて、海水が蒸発する量がふえます。その場合、純水だけが水蒸気として抜けていくので、残った海水は塩分が濃くなります。煮詰まった鍋のような状態です。しかし温暖な地域でも熱帯雨林のように雨が多いところや、陸からの真水の流入が多いところでは、塩分は薄くなります。これを「甘い水」といいます。陸に近いか遠洋かによっても、海水の成分は微妙に変化するのです。

超大陸「パンゲア」が分裂して南極に氷がつきはじめる頃、北極に近いグリーンランド周辺でも、低温のために海面に氷ができました。氷の中には塩分は入らないので、塩分は水に濃集していきます。そのような水は周辺の海水より重くなるために、どんどん沈んでいきます。これが第2部で述べた海洋深層水の出発点となるのです。

海に「栄養」はあるのか?

それにしても、火山ガス成分に満ちた(わたしたちにとって)有毒な海が、うっかり海水を飲んでもしょっぱい思いをする程度ですむ海に変わったのは、ありがたいことでした。ここで「鍋」にたとえたついでに、海水には栄養があるものなのかどうか、考えてみます。

海水に含まれている生物にとって有用な栄養素は、おもに窒素とリンです。窒素はアミノ酸をつくるのに必要で、リンは核酸をつくるのに必要です。また、ナトリウム、カリウム、マグネシウムなどのミネラルも海水には豊富に含まれています。光合成を行う第一次生産者である藻類の珪藻にとっては、ケイ素も必須です。

とはいえ人間が海水を大量に飲めば、塩分処理能力を超えてしまい命取りになりかねません。海水の塩分は約３・５％で、醤油が約16％であるのに比べると意外に少ないのですが、それでも人間の腎臓の機能では対応しきれないレベルです。海を漂流していて飲み水がなくなったときでも、海水を飲むことは極力控えなければなりません。

それでは、海水はアルカリ性でしょうか、酸性でしょうか。酸性やアルカリ性とは、溶液中の水素イオン濃度の違いのことで、単位にはpHが使われます。pHが高ければアルカリ性、低ければ酸性です。

海水の水素イオン濃度は、時間とともに変化しています。二酸化炭素がよく溶け込むと水素イオン濃度が上がってpHが下がり、酸性になります。逆に二酸化炭素が出ていくとアルカリ性になります。こうしたしくみを「アルカリポンプ」といいます。

海水の成分は、ほとんど中性です。ただし、ややアルカリ性になっています。pHでは８・２くらいです。この値が少しでも酸性に傾くと、海水中の生物は大きなダメージを受けます。とくに炭酸カルシウムの殻をもった生物にとっては地獄です。炭酸カルシウムが海水に溶解しはじめるからです。さきほども述べた陸上の酸性雨のためにいま、パリのノートルダム寺院の石畳や階段、そして屋上の石灰岩でできた彫刻がどんどん溶けていますが、それと同じことです。また、炭酸カルシウムが溶解を始めると、二酸化炭素が海水中に放出されて温室効果ガスが出てくるため、環境にとってもやさしくはなくなります。

海表でも海底でも、さまざまな物質がたえず出入りしているにもかかわらず、海はこのようにきわめて繊細なレベルで、海水の成分のバランスを保つことができているのです。その懐《ふところ》の深さには、畏敬の念を抱かずにはいられません。

Ⅳ 海底地形の機能

ここまで、海を「鍋」に見立てて「具」の出入りから海水の進化を見てきましたが、海にはひとつ、「鍋」とは違う大きな特徴があります。それは前にも述べたように「鍋底」、つまり海底で「もの」の出入りがあるということです。

宮古からパナマまでの太平洋横断によって、海底は陸上よりもはるかに起伏に富んでいることを概観しましたが、そのとき次々に現れた「海溝」「トランスフォーム断層」「海山」「海台」「海嶺」などの巨大な構造は、それぞれが海水との間で、物質のやりとりをしているのです。

ここで、それらの巨大な構造をクローズアップして、それぞれが海にとってどのようなはたらきをしているのかを見ていきましょう。

海底地形はどのように調べるのか

その前に、地上からは目視することができない海底の地形、つまり海の凹凸がどのようになっているのかが、なぜわかるのかを説明しておきます。

原始的な方法としては、おもりを付けたロープ（鋼索）を海底まで下ろすことでその深さを測っていました。おもりが海底に着くまではロープに張力が働いていますが、海底に到達すればロープはたるみます。そのときのロープの長さを測るわけです。１９５０年代には第一次世界大戦が終わって不要になった大砲が、おもりとして使われたようです。世界最深のマリアナ海溝のチャレンジャー海淵も、最初はこの方法で測っています。しかし、水深の大きな場所を測るにはきわめて長い時間がかかるうえに、一点一点をしらみつぶしに測らねばならないので、この方法で海洋全体の深さを求めようとしたら何百年かけても足りません。

いちばん早く計測できるのは、光を使う方法です。光を海底に向けて放ち、反射して戻ってくるまでの時間を測るのです。往復にかかった時間の半分が、光が海底に達するまでに要した時間ということになります。光は1秒間に30万㎞を走る宇宙でもっとも速い物質ですから、理論上はこれがもっとも短い時間で測る方法です。たとえば金星では惑星探査機「マゼラン」がやはり光を使って、わずか数年で地表の全貌を把握しています。しかし、残念ながら海底は、光を使って測定することはできません。光は水に吸収されるために、200mくらいの深さまでしか届かないからです。地球の外の惑星を探査するよりも海底を測るほうが難しいのです。

そこで、水中でもどこまでも進むことができる音を使うことになります。音の速度は水中では1秒間に約1500mと、光よりはるかに劣りますが、それでもロープを使うのとは比較にならない短い時間で海底までの深さを測定できます。

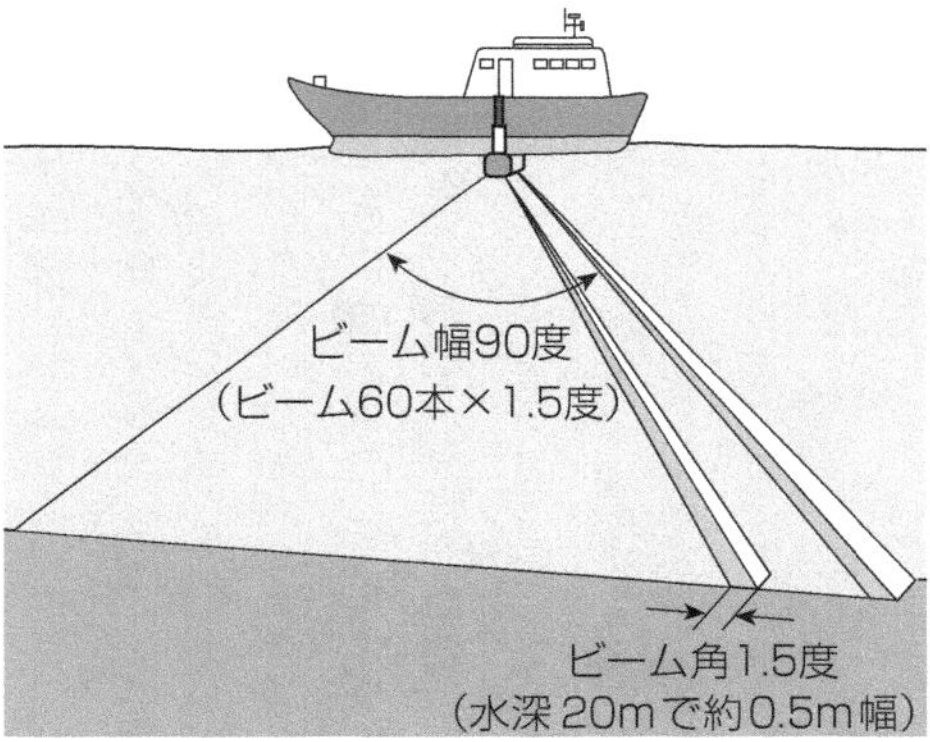

図3－6　マルチナロービーム
ビームの本数や角度にはさまざまなものがある

1980年代になると、たくさんの「音の束」を使う音波探査が普及して、海底地形の計測は格段にスピードと精度が上がりました。音は音源から円錐《えんすい》形に広がって進みますから、海底に着いたときは測定できるエリアは円錐の断面に相当する広い面積になります。その平均の深さがそのエリアの深さとされていたのですが、それでは精度の点で問題があります。そこで、音波を細く絞った「ナロービーム」をたくさん並べた「マルチナロービーム」を観測船に取りつける音波探査システムが構築され、より精度の高い観測が短時間で行われるようになりました（図3－6）。世界中の研究機関の努力によって、現在では海底地形の全貌がほぼ明らかになっています。ただし、まだ観測船がまったく手をつけていない海域もあります。

その後、観測船ではなく宇宙から計測する方法も開発されています。人工衛星から海面のわずかな凹凸をきわめて高い精度で観測し、ごく小さな高低の変化を測定するのです。海面の高さは海底にある物質の重力によって変化することを利用する方法です。人工衛星は数時間で地球を一周するので、わずかな時間で地球全体の海底地形をつかむことができます。

現在では、カリフォルニア大学サンディエゴ校のスクリップス海洋研究所にいるサンドウェルとスミスが、このようにして得られた海底地形を「ETOPO5」あるいは「ETOPO2」などというデータセットにして世界中に配信しています。これは緯度・経度で5度あるいは2度ごとのグリッドをつくって、そこにある地形データをすべてコンパイルしたものです。最近では1度ごとにグリッドした「ETOPO1」もあるようです。

このような方法によって、海底地形はようやくその全貌を明らかにしてきたのです。

海嶺の全長は地球2周分!

海底の主要な構造は、次の4つです。

①海嶺、②海溝、③トランスフォーム断層、④海山と海台

これらの地形要素が「鍋」にものを供給したり、取り去ったりする重要な役割をはたしているのです。

では、まず海嶺から見ていきましょう。

「一目見て真っ先に目を奪われるのは、大西洋のちょうど中心部を蛇行して続くライトブルーの帯。地上のどんな山系も小さく見せる壮大な山脈だ。地球の地質構造のパズル合わせでは、この山脈の西側から北アメリカまでがパズルの一片で、山脈の東側からヨーロッパとアジアを含む部分が別の一片となる」

深海生物学者にして潜水調査船のパイロットでもあったシンディ・ヴァン・ドーヴァーという女性研究者はその著書『深海の庭園』（西田美緒子訳）で、海嶺の壮大さをこう表現しています。海嶺とは、いわば海底火山の山脈です。海嶺は地球全体を大きく取り巻いていて、そのスケールは陸上の山脈など足元にも及びません。北極の海嶺を起点として、その分布を見ていきましょう（図3－7）。

北極からスタートして海嶺をたどって南下すると、まず大西洋の北にあるアイスランドに続き、そこからさらに大西洋を南へ延々と伸びて、なんと南極にまで達します。大西洋の真ん中を貫くこの巨大海嶺が、シンディの文章にも描かれた大西洋中央海嶺です。南極からは海嶺は東へ向かい、アフリカの南を回ってインド洋に入ります。インド洋で海嶺は中央インド洋海嶺、南西

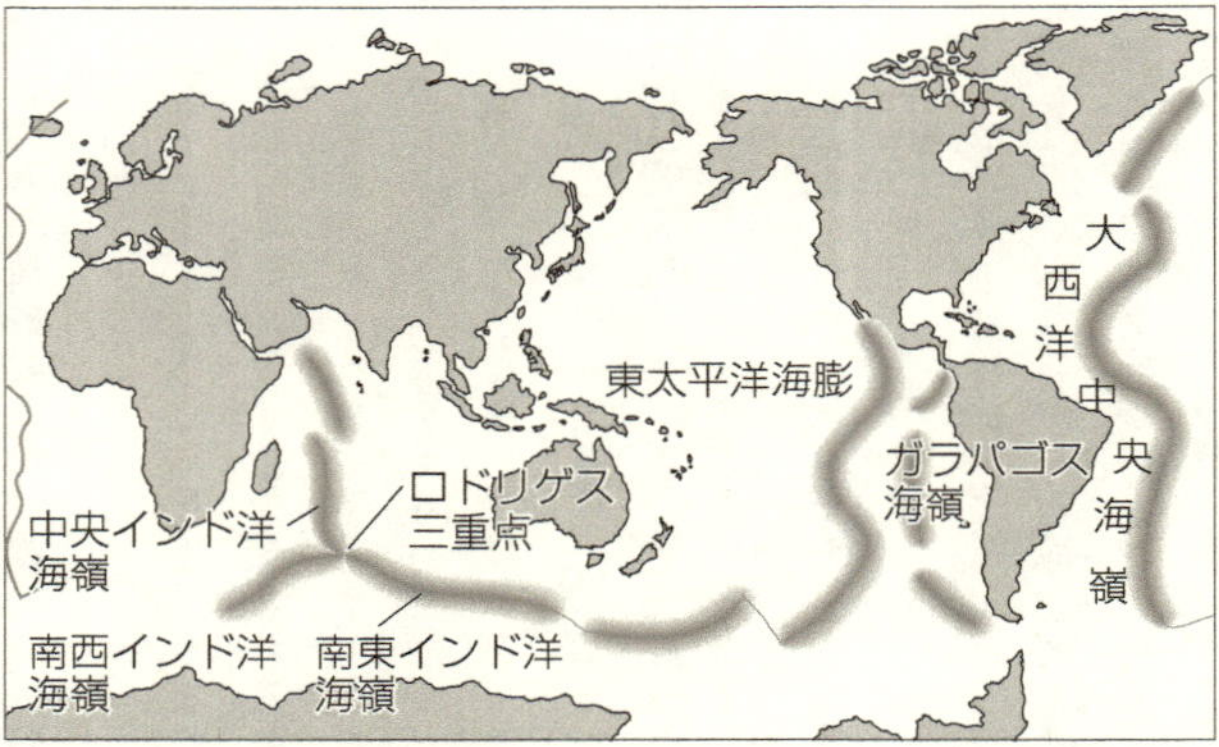

図3－7　世界のおもな海嶺

インド洋海嶺、南東インド洋海嶺の3つに分岐していきます。3つの海嶺はインド洋の真ん中で一点に交わります。これをロドリゲス海嶺三重点といいます。そのあと海嶺はインド洋から南東へ向かい、オーストラリア、ニュージーランドの南を回り、太平洋に入ると、その東側に東太平洋海膨という大きな高まりをつくります。これも海嶺です。ここから北へ向かう海嶺はカリフォルニア湾へ入り、そこで消えてしまいますが、東へ向かうものはガラパゴス諸島をもつガラパゴス海嶺へとつながっています。

大西洋中央海嶺をはじめとするこれらの海嶺の全長は約8万kmにもわたっています。地球の全周が約4万kmですから、なんとその2倍です。もしも海嶺からいっせいにマグマが噴き出してきたら、海水はその熱で沸き立ってしまうかもしれません。

大西洋中央海嶺の頂上の水深は3500m程度です。

太平洋の東太平洋海膨の頂上は水深2400mくらいです。周辺の海底の水深は5500mほどですから、山の高さとしては2000〜3000mにもなるわけです。大西洋中央海嶺の長さは北半球のアイスランドから南極圏にまで、1万km以上にもおよび、その幅もおよそ1000kmあります。世界最大のアンデス山脈の長さが約8000〜約9000kmですから、途方もない大きさです。

海嶺は地球の「体温調節機構」

では、この海嶺は海に対して、どのような仕事をしているのでしょうか。

大西洋中央海嶺の頂上には中軸谷と呼ばれる深さ1000mにもなる谷があります。これは断層で落ち込んだ凹地です。太平洋の海嶺には中軸谷に相当するものはありませんが、数百mにわたって、深さ数十mの谷が続いています。これらの谷の地下にはマグマがあって、それが海底に出てきて玄武岩の地殻やプレートの一部をつくります。岩石が急冷すると、そこに割れ目ができます。その割れ目を通して、海水が地球の内部へ吸い込まれたり、地下から噴き出されたりして循環しているのです。

吸い込まれた海水はマグマの熱で周辺の岩石と反応して、成分を変えていきます。海水中のマグネシウムや硫酸イオンは取り除かれ、岩石中の銅、鉛、亜鉛、金、銀などの金属元素やメタ

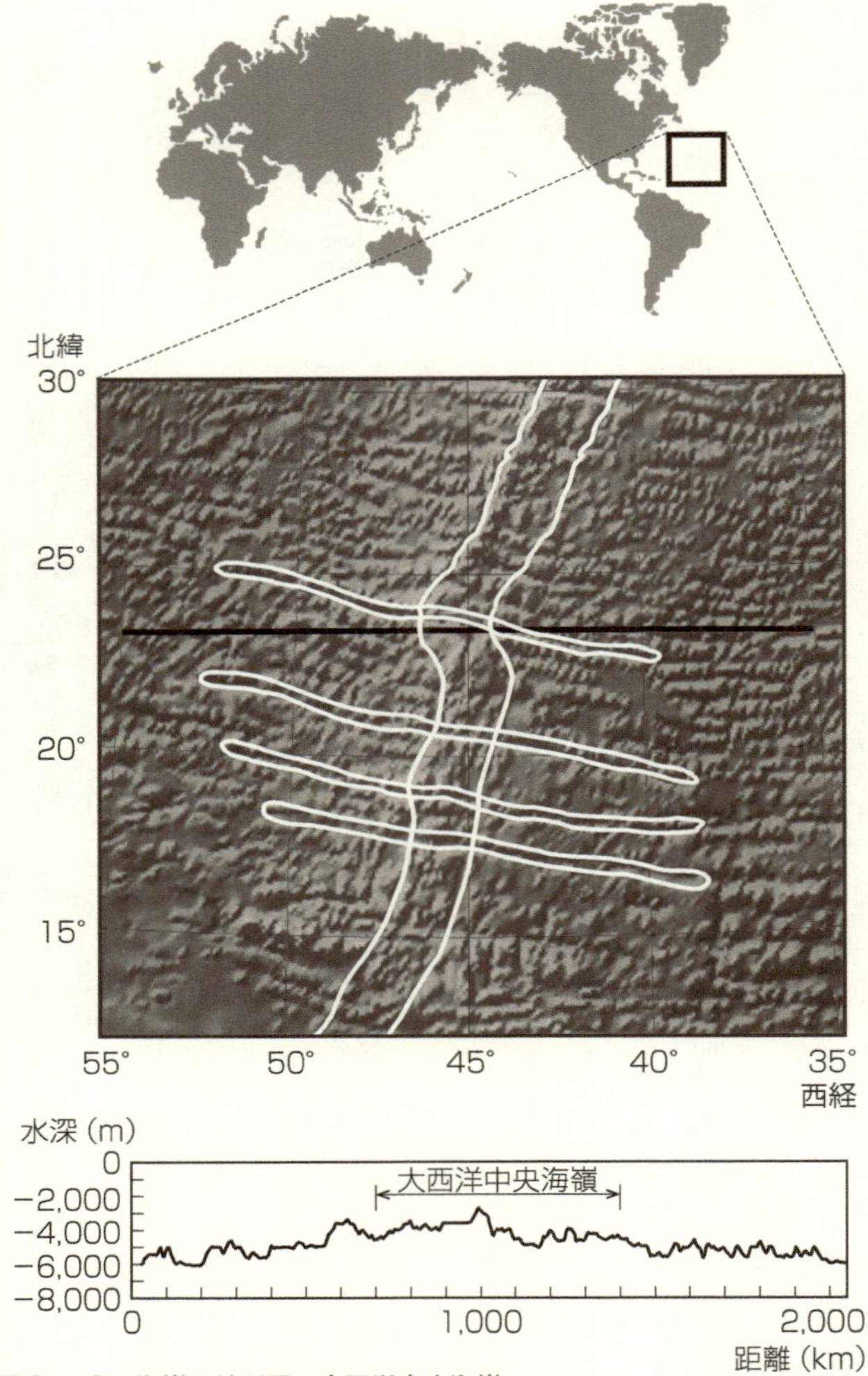

図３－８　海嶺の地形図：大西洋中央海嶺

その地形の位置と範囲（上の図）、真上から見た地形（中の図）、中の図の黒い線で切った断面図（下の図）を示す（以下、図３－11まで同じ）。中の図の中央、上下に走るのが大西洋中央海嶺。左右に走る４本の線はトランスフォーム断層。（図３－11まで中・下の図作成：神奈川県立生命の星・地球博物館／新井田秀一）

ン、硫化水素などのガス成分が海水中に取り込まれて「熱水」を形成します。熱水は軽いので海底に噴き出します。

　このとき、海底の温度は低いので熱水中に含まれていた金属イオンが硫化物となって細かい粒子を形成します。これが第2部で述べたブラックスモーカーです。その温度は360℃にもなります。硫化物の粒子は重たいので海底に沈殿し、やがてマウンドと呼ばれる小高い海丘をつくります。ブラックスモーカーを噴き出す煙突（チムニー）もやはり金属の硫化物からなります。このようにして、海水から金属の硫化物ができていくのです。まるで錬金術のようです。熱水系は現在では世界で350ヵ所も知られています。

　海嶺はこのようにして、地球内部の熱を地表に逃がしてやっているのです。ちょうどわたしたちが、体温を調節するために汗をかくようなものです。また、マグマが冷えて岩石になるときに、冷たい海水と反応して金属元素などのさまざまな成分を海水に供給しています。地球内部と地表との間で、水やさまざまな元素の循環をつくりだしながら、地球の「温度調節機構」と、「鍋の具」の供給源としてのはたらきをしているのです。

　そのほか、熱水系では第2部でも述べたように、原始の生物に近いと考えられるものが見つかっています。海嶺は生命の誕生と進化にも重要な役割をはたしています。

トランスフォーム断層は「水の通り道」

大西洋中央海嶺をよく見ると、まるで刺身の切り身のように、海嶺に切れ目がいくつも入っているのがわかります。これは海嶺を直角方向にずらしている、トランスフォーム断層と呼ばれる断層です。断裂帯と呼ばれることもあります。

陸上に見られる断層には横ずれ断層がありますが、それとは違うものです。横ずれ断層は地面全体がずれたものですが、トランスフォーム断層は海嶺と海嶺の間だけがずれています。海嶺の両側ではプレートが同じ速度で動いているので、地面はずれないのです。このずれているところにだけ、地震が発生します。このような断層はカナダのツゾー・ウィルソンによって提唱されました。

太平洋にはハワイの東にクラリオン、クリッパートン、メンドシノ、モロカイなどのトランスフォーム断層があります。メンドシノの断層は太平洋を半分以上も切っている巨大なもので、その長さは7000㎞にもなります。火星の写真にはっきりと写っているマリネリス峡谷のような規模です。また、南太平洋には人工衛星でも見られるほど大きなずれを伴うエルタニンという断層があって、海嶺と海嶺が200㎞以上もずらされています。このような大きな断層は、陸上にはめったに見られません。

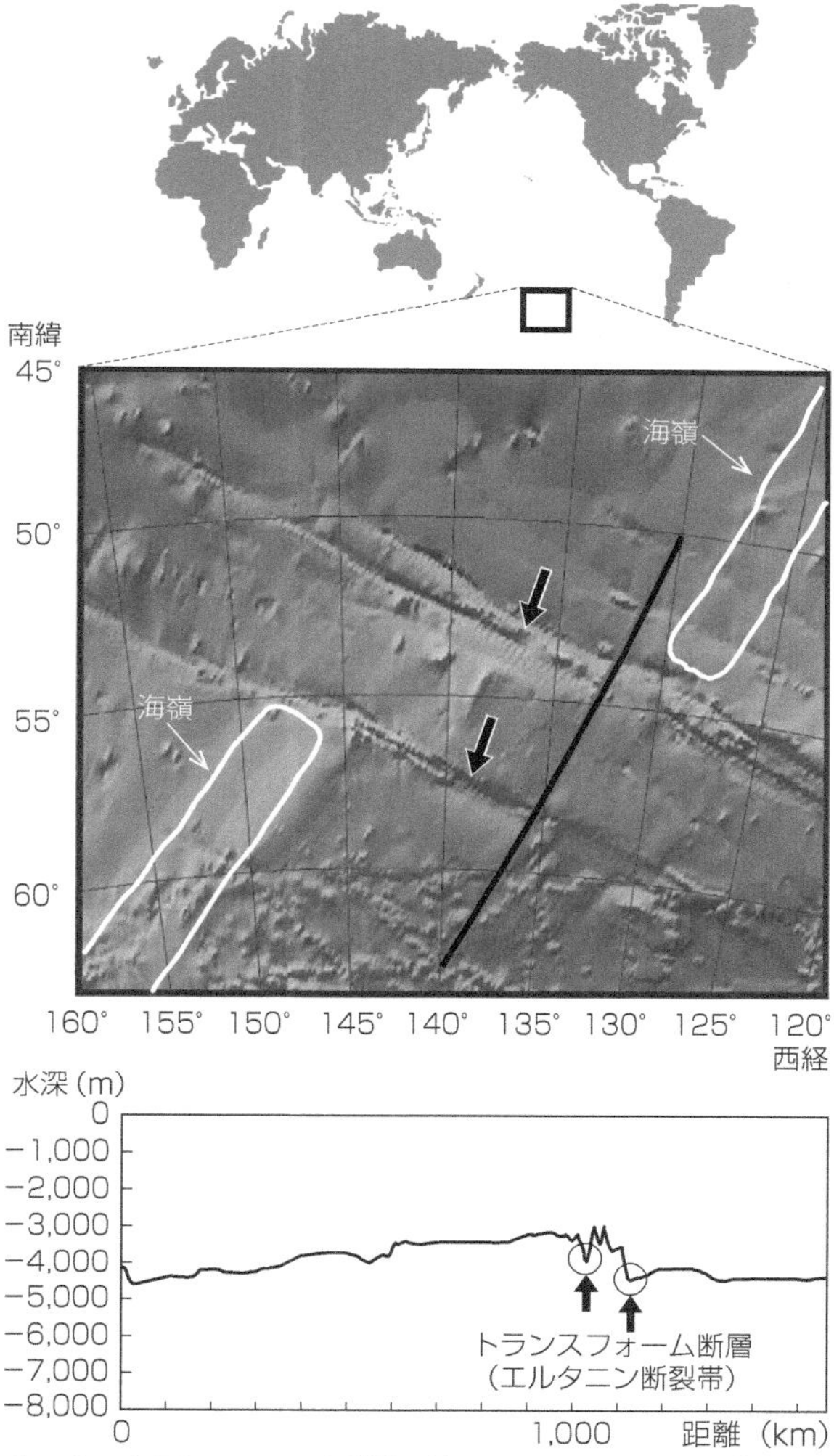

図3－9　トランスフォーム断層の地形図：エルタニン断裂帯
中の図の黒矢印が指す２本の筋が、エルタニン断裂帯と呼ばれるトランスフォーム断層。海嶺はここで分断され、断層に沿って互いに逆の方向へ移動してゆく。

インド洋、とくに南西インド洋海嶺にはたくさんのトランスフォーム断層が見られますが、東太平洋海膨にはきわめて少なく、どちらかというと海嶺は直線状につながっています。

トランスフォーム断層はプレートを深く断ち切っているので、その壁をよく調べるとプレートの断面を見ることができます。マントルを構成している岩石は、この断層に沿って地表、つまり海底にまで上がってきています。それは、かんらん岩などに水が作用してもっと軽くなった蛇紋《じゃもん》岩《がん》という岩石です。蛇紋岩は密度が小さいために、海底にまで上がってくるのです。地下深くから海底に、蛇紋岩はさまざまな物質を届けています。その意味で蛇紋岩は地下からの「手紙」と言えるでしょう。この手紙を読めば、地下にどのような物質がどのようにして存在しているのかの手がかりがつかめるのです。

また、さきほど地下深くに持ち込まれた水は、蛇紋石という含水鉱物に取り込まれるという話をしました。蛇紋岩をつくっているおもな鉱物が、この蛇紋石です。したがってトランスフォーム断層は、水を含んだ蛇紋岩の「通り道」としての重要なはたらきをしているのです。

海に「具」をもたらす海山と海台

海山と海台は、地下からの大量のマグマがもたらす溶岩による巨大構造です。海山とは文字どおり、海の中の山です。海台は海山より規模の大きなもので、いわば海の中の台地です。

海山をつくるマグマは通常、プレートの底よりも深いところから噴出してきます。プレートをつくる玄武岩とは成分が違うのです。そのような深いところでマグマができる場所を「ホットスポット」と呼んでいます。

現在、地球上にどのくらいの海山があるのかは、誰も数えたことがありません。1964年に太平洋の海山に関する本を著した米国の海洋学者メナードは、太平洋にはおよそ4000の海山があると推定していました。その後、1990年代になって、カリフォルニア大学サンタバーバラ校のケン・マクドナルドたちが東太平洋海膨の周辺で音波探査を行い、さらに4000ほどの年代の若い海山を見つけたことから、現在では海底にはゆうに1万以上の海山が存在すると考えられています。

海山にはハワイから天皇海山列に至るように列をつくっているものが多く、南半球の太平洋にはライン諸島など「直線」を示唆する名前のものもあります。これらはプレートの動きを表しています。海山のもとになるマグマはプレートの底よりも深いところからやってくるので、海山がプレートに載って移動してもそのあとにまた海山ができます。このようにして次々と新しい海山が直線状に並んでできていくのです。逆に海山を結ぶ直線が途中で折れ曲がっていれば、海山を載せたプレートの運動の向きが変化したことを表しています。

ハワイ島にあるマウナケア火山やマウナロア火山は海抜4000m以上の山ですが、さきにも述べたとおり周辺の海底から見上げれば９０００ｍを超え、地球上でもっとも高い山になります。

海山よりもはるかに大規模な地形が海台です。日本からハワイに向かう途中に見られるシャツキーライズや、日本の約６倍の面積があるオントンジャワ海台はさきほど紹介しましたが、南極近くにあるケルゲレン海台も巨大な地形です。

海台は短期間に大量のマグマが噴出してできた溶岩の台地です。海台をつくるマグマができる場所は、海山の場合のホットスポットよりさらに深く、マントルと核の境界である約２９００㎞の地下深部からもたらされることもあります。スケールもホットスポットよりはるかに大きく、羽毛のように舞いあがる煙にたとえて「プルーム」（羽毛）と呼ばれる高温の巨大な塊です。このプルームが地下の約６７０㎞を超えて浅いところへ上昇してきたものが、第2部で再三、重要な場面で登場したスーパープルームです。スーパープルームは融解して大量のマグマを発生させます。ひとたびこのような溶岩の活動が起きると、１００万年以上もの間、膨大な量の溶岩や火山灰をまき散らすと考えられています。

スーパープルームによるこうした膨大な溶岩の供給は、数億年に1回という頻度で起こるようです。海台と、陸上で大量の溶岩によってできた溶岩台地ともいえるものは「巨大火成岩岩石区」と総称され、地球上にいくつも存在していますが、その年代はまちまちです。つまり、地球

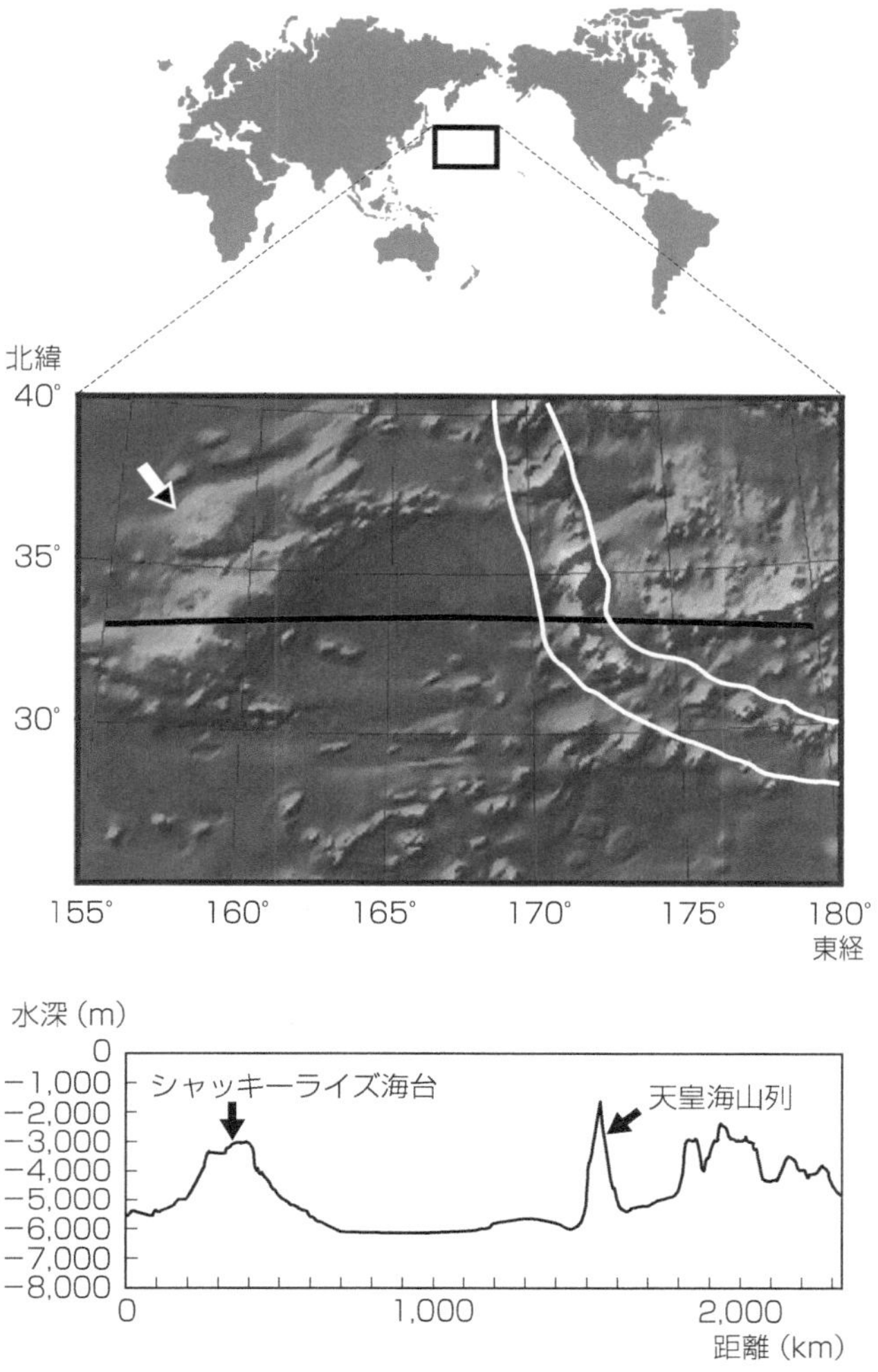

図3－10　海山と海台の地形図：天皇海山列とシャッキーライズ
中の図の線状に連なる山（右側）が天皇海山列。白矢印（左側）がシャッキーライズ。天皇海山列は下の図ではほとんど重なっている。

の歴史を通じて何回も巨大な火山活動があったことを示しているのです。

なお、一般的には海山は円錐形、海台は楕円錐形をしていますが、なかには上部が平らになった円錐台形や楕円錘台形のものもあります。頂上が平坦な海山をとくに平頂海山といいます。これらは、もとは頂上が海面より上に顔を出していて、波による浸食を受けて平坦になったあとに沈降したか、海面の上昇によって海面下に没したものと考えられています。

海山と海台はともに、地下深くのマグマがもたらすさまざまな物質を海水に吐き出し、海に「具」を供給する役割をはたしています。とくに海台の場合は大量の「具」がもたらされます。

海溝のはたらきと将来の「懸念」

海溝とは、一般には水深が6000m以上あって、細長い溝のような形をした構造のことをいいます。南米の西側にあるペルー・チリ海溝は、その全長が6000㎞にもおよびます。

しかし、海溝といえば世界でもっとも特筆すべき地域は日本列島です。その周辺には日本海溝をはじめ世界の3分の1もの数に相当する海溝が集中しています。北には太平洋側に千島海溝、日本海溝、伊豆・小笠原海溝、マリアナ海溝、ヤップ海溝、パラオ海溝があります。西へ下ると相模トラフ、駿河トラフ、南海トラフ、そして琉球（南西諸島）海溝があります。これらはさらに南のフィリピン海溝やトンガ、ケルマデックなどの海溝につながっています。太平洋では概して、海溝は太平洋プレートの端っこを取り巻くように分布していて、日本列島の周辺に海溝が集中しているのもそれが理由になっています。

海溝では、海のプレートが地球の内部へと沈み込んでいます。そのために、陸から運ばれてきた堆積物や水が、地球の内部へと引きずり込まれたり、陸に押しつけられたりしています。陸と海のプレートがせめぎあうために、地震が起こったり、地下深いところでマグマができて火山ができたりします。したがって、海溝は火山活動によって形成される弓状の島弧を伴います。日本列島は典型的な島弧です。

海溝が海に与えるもっとも重要なはたらきは、海底にあった堆積物や水などをプレートの沈み込みによって地球の内部へと引きずり込んでいくことです。それは、せっかくおいしそうに煮えた「鍋」の水や具を、取り除いてしまうようなものです。海溝ができたのは地球史においては重いプレートが軽いプレートの下に沈むプレートテクトニクスが始まってからですが、海溝ができたことによって海は「底なしの鍋」となったのです。この沈み込みが続くと、マントルの温度が徐々に下がっていきます。つまり、海溝は地球の体温を下げる役割をしているのです。

しかし、海溝が海にもたらす影響はそれだけではありません。さきにも述べたように、海水が地下へと引きずり込まれることで、海水が減っていくのではないかという懸念があるのです。これについては第4部でくわしく見ていくことにします。

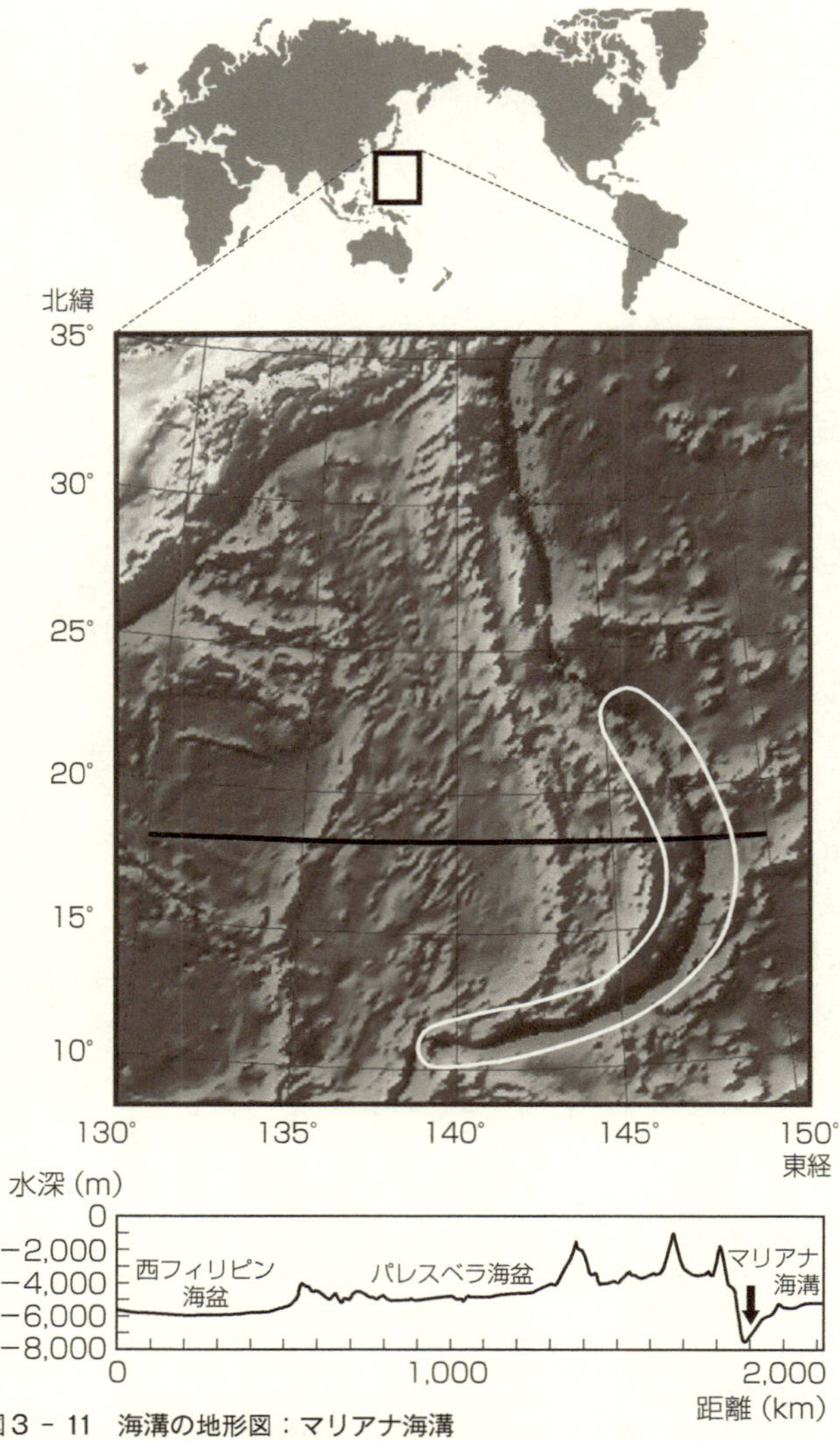

図3 - 11　海溝の地形図：マリアナ海溝
中の図の白く囲った部分がマリアナ海溝。左上には日本列島が見えている。太平洋プレートはこの海溝でフィリピン海プレートの下に沈み込む。

海底谷と深海平原

海底の主要な4つの大きな構造を見てきましたが、そのほかにも、海にとって重要なはたらきをする構造はいくつかあります。そのひとつが「海底谷《かいていこく》」です。これはその名の通り、海底にある谷です。陸上の大きな河川は、海底谷につながっていることが多いのです。海底谷の多くは断層で、陸上で発生した濁流、混濁流や土石流が流れ込み、土砂を深海へと運びます。

日本では天竜川の延長にある天竜海底谷が代表的な例です。天竜川は諏訪湖から伊那谷を流れ、中部日本を下って浜松で海に入りますが、海の中でその延長は、水深4800mの南海トラフまで直線的につながっています。そして南海トラフの海底に、天竜深海扇状地を形成しています。この扇状地は、シロウリガイをはじめとする化学合成生物群集がたくさん生息していることでも知られています。また、神奈川県の三浦半島にはほぼ東西方向の地面の食い違いからなる断層があり、これも陸上の海岸線で終わらずに、その延長は三浦海底谷などの海底谷として海につながっています。

海底谷の大きな役割は、陸上の河川によって運ばれてきた土砂などを深海底へと送り込む、いわば「バイパス」であることです。「鍋」の中に「具」をどんどん運び込む通路なのです。土砂の中には植物の残骸や動物の死骸など、大量の有機物が含まれています。これらは分解され、大量の土砂と一緒に海底にまで到達します。土砂がものすごい厚みをもって堆積すると、有機物は酸素のない状況で変化して、石油になります。さきにも述べたように中東の油田地帯やメキシコ湾、中国の揚子江や黄河などの大河の河口の扇状地では、大量の堆積物が石油になっています。また、新しい燃料資源として注目されるメタンハイドレートも同様にしてできたものと考えられています。海底谷はわたしたちにそのような恩恵をもたらしてくれています。

もうひとつ、海底の重要な構造に「深海平原」があります。これは海底の起伏を巨大な風呂敷で包み隠したようなものです。深海平原の平坦面の地下には、ギザギザした構造があることが音波探査で知られています。いわば砂で覆われたサハラ砂漠の地下に、昔の河川の跡があるようなものでしょうか。

深海平原は途方もなく広大です。陸上では北米に「グレートプレーンズ」と呼ばれる米国国土の6分の1ほども占める大平原がありますが、その何倍もの面積があります。この深海平原の存在が、海の平均の深さを下げているのです。

深海平原を形成しているのは、いわば「鍋」の底にたまったさまざまな沈殿物です。沈殿物には生物の遺骸、金属の硫化物から、宇宙から飛来するエオリアンやマイクロテクタイトまで、さまざまなものがあります。火山灰や陸からの土砂が、海溝を越えて深海平原にまで達する場合もあります。

深海平原がこれほど広大な範囲にわたって平坦なのは、驚くべきことに、大量の生物の遺骸が沈殿物の上にマリンスノーとして降り積もったためです。海底で起きていることは、陸上のわたしたちには想像しがたいことばかりです。

海という「鍋」の底では、これらの巨大構造が「もの」のやりとりにかかわっています。これらの構造は不変ではなく、時々刻々、変化しています。長い地質時代を通じて変化してきたこれらの構造が、「鍋」の形だけでなく中身にまで大きな影響を与えてきたのです。

では、将来の海にはどのような変化が予想されるのでしょうか。次の第4部では、さきほどから何度か述べてきた「懸念」について考えていきます。

第4部

海のゆくえ

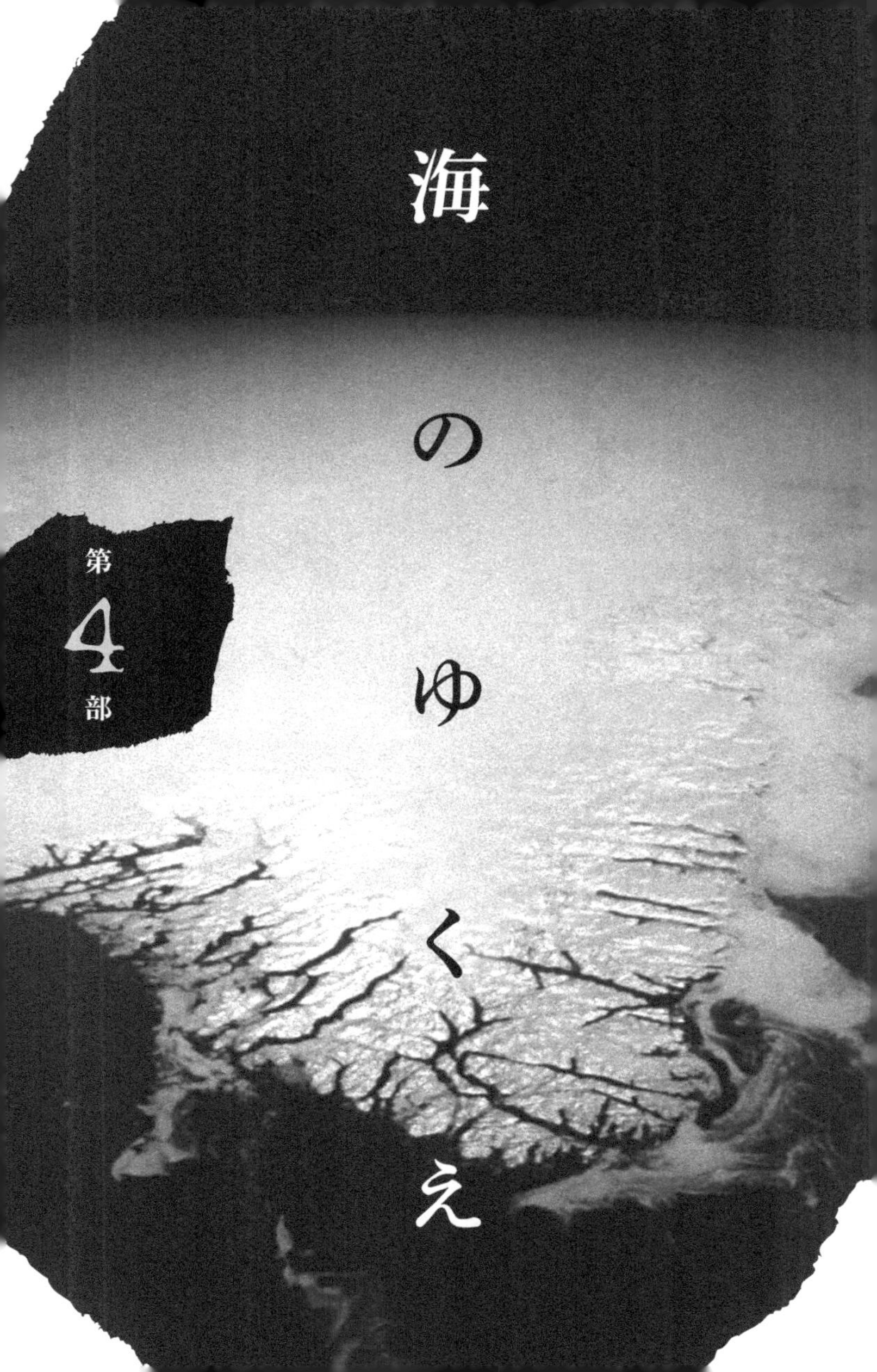

I 海が消えるシナリオ

第二の天使がラッパを吹いた。すると、火で燃えている山のようなものが、海に投げ入れられた。海の三分の一が血にかわり、また被造物で海に住むいきものの三分の一は死に、船という船の三分の一が壊された。

第三の天使がラッパを吹いた。すると、松明のように燃えている大きな星が、天から落ちてきて、川という川の三分の一と、その水源の上に落ちた。この星の名は「苦《にが》よもぎ」といい、水の三分の一が苦よもぎのように苦くなって、その水を飲んだために多くの人が死んだ。

……第五の天使がラッパを吹いた。すると、一つの星が天から落ちてくるのが見えた。この星に、底なしの淵に通じる穴を開くカギが与えられ、それが底なしの淵の穴を開くと、大きなかまどから出るような煙が穴から立ち上り、太陽も空も穴からの煙のために暗くなった。

（『新約聖書』「ヨハネの黙示録8－9」より）

海に終焉はあるのか

地球カレンダーの「2月9日」に誕生した海は、長い長い地質時代の間に、その姿を大きく変えてきました。海が現在のような海になるまでには、いくつもの大事件と、複雑にして精妙な成分の変化があったことがおわかりいただけたと思います。わたしたちにとってそれは「幸運」の連続ともいえるものでした。

そこで、必然的に次の疑問が生まれます。

この「幸運」はいつまで続くのだろうか？　つまり、海はこれからも永久にこのままの姿であり続けるのか？　という疑問です。

拙著『山はどうしてできるのか』で私は、山というものは永久にそこにあり続けるのではなく、長い歳月の間に生成と消滅を繰り返していることを述べました。では、海はどうなのでしょうか。これまでの地球史では、海が消滅したという記録は残っていません。しかし、将来にわたっても海がなくなることはないと言い切れるものなのでしょうか。

実は、海はやがてなくなってしまうと考えている人たちがいるのです。

そのひとつのシナリオは、海の水がすべて地球の内部に持ち運ばれてしまって、地球の表層に水がなくなってしまうというものです。大きな「鍋」である海洋は、すでに見てきたようにその底が抜けています。そこから水が漏れて、地球内部へ入っていくというのです。弥次さん喜多さんが登場する滑稽本《こっけいぼん》『東海道中膝栗毛』には、底が抜けた「五右衛門《ごえもん》風呂」という風呂に入った2人が大騒ぎする話がありますが、海の底が抜けていては笑いごとではありません。

もしも海から水が抜けていくと、やがて地球の表層には水がなくなります。第2部で述べた、地中海が完全に干上がってしまった事件のように、あるいはやがて消滅するといわれるアフリカのチャド湖のように、地表から完全に水がなくなってしまうのです。

女性海洋学者のシルヴィア・A・アールは、ある女性記者から次のような質問をされて辟易《へきえき》します。

「海という海が、あす干上がってしまうとします。何か困ることがあるでしょうか？　わたしは泳ぎません。ボートも嫌いです。船酔いだってするんですよ。魚を食べるのも好きじゃありません。どこかの海が消えたって、いいえ、海が全部なくなってしまっても、とやかく言うほどのことはないんじゃありませんか？　いったいだれにとって海が必要なんでしょうか？」

これに対して、アールはこう答えます。

「いいでしょう、海水がすっかりなくなるとします。海に落としてなくした物があったら思い出すことですね。簡単に拾えるようになりますよ。ただ問題は、そんなことをできる人がどこにも見当たらなくなるってことです」（シルヴィア・A・アール著・西田美緒子訳『シルヴィアの海』より抜粋）

アールの言葉を借りるまでもないでしょう。干上がった海には、魚のみならず、すべての生物が生息できなくなります。地面はひび割れて、砂嵐が起こります。それは地球全土がサハラ砂漠になったようなものでしょう。水の循環がとだえ、雨が降らなくなるので、植物もすべて枯死してしまいます。食べ物がなくなり、陸上の動物も死に絶えます。当然、海に落としたものを拾える人間も、一人もいなくなるでしょう。

そのようなことが、本当に起こりうるのでしょうか。いったいどのようなことが起これば海がなくなるのか、くわしく見ていくことにしましょう。

海水の量が減らないしくみ

もしも将来、海が消滅するとしたら、その「犯人」は第3部でも少し述べたように「プレートテクトニクス」と「海溝」ということになるでしょう。もっとも可能性がありそうなそのシナリオを、以下に順を追って紹介していきます。

まず、現在の海が水を維持することができているしくみです。第3部で述べたことと重なりますが、もう少しくわしく説明します。

プレートは海嶺でつくられ、1年間に数cmの速度で移動し、やがて海溝で地球の内部へと沈み込んでいきます。できあがったばかりのプレートは玄武岩質のマグマでできていますが、これが海底の冷たい水にふれると急冷されて、亀裂や割れ目がたくさんできています。その割れ目は、海水で満たされます。海水は玄武岩と反応して成分を変え、熱水となります。玄武岩は熱水と反応して、「OH」を含む鉱物を部分的に取り込みます。このように水を含む鉱物がさきにも述べた含水鉱物です。水を含んだ玄武岩は部分的に変質して「スメクタイト」という名の粘土鉱物を含むようになります。

また、プレートは移動の途中で生物の遺骸や風で運ばれてきた細かい粒子からなる堆積物に覆われていきます。それらにも水が含まれています。

このように大量の水を含んだプレートが海溝から地球の内部へと引きずり込まれ、地下深くのマントルへ、そしてさらに深部へと沈み込んでいくのです。このまま水が出ていくばかりでは、海水はどんどん減ってしまうことになります。しかし、そうではないことは第3部でも述べました。海底に沈んだ水も循環しているからです。

含水鉱物にはスメクタイトだけではなく、さまざまなものがあります。マントルをつくるかんらん岩が水を含んでできる蛇紋石もそうであることは述べましたが、ほかにも角閃石《かくせんせき》や雲母、変成鉱物の緑泥石、緑簾石《りょくれんせき》、アクチノ閃石、パンペリー石、ローソン石などたくさんの種類があります。これらは温度や圧力が上がると不安定になり、分解して水を放出します。この分解には、圧力の上昇よりも温度の上昇のほうが効いています。つまり温度が高くなると、比較的浅く圧力が小さい場所でも含水鉱物は分解するのです。

含水鉱物が水を放出すると、水は周辺のマントルの温度を下げて、第3部で説明したようにマントルの融点を下げます。するとマントルをつくるかんらん岩が部分融解を起こし、マグマが発生します。このマグマの中には、水が水蒸気として入っていきます。やがてマグマは、火山活動によって地表に噴き出されます。

こうして地下に出ていく水と、地表に戻ってくる水の量は釣り合っているわけです。

地球は冷えている

では、地表と地下での水のバランスが崩れていくシナリオを説明します。

海溝が地球の温度を下げる役割をしていることを第3部で述べました。具体的には、沈み込む冷たいプレートが、マントルの温度を下げているのでした。実はそのために、いま地球の内部は、どんどん冷えていっているようなのです。

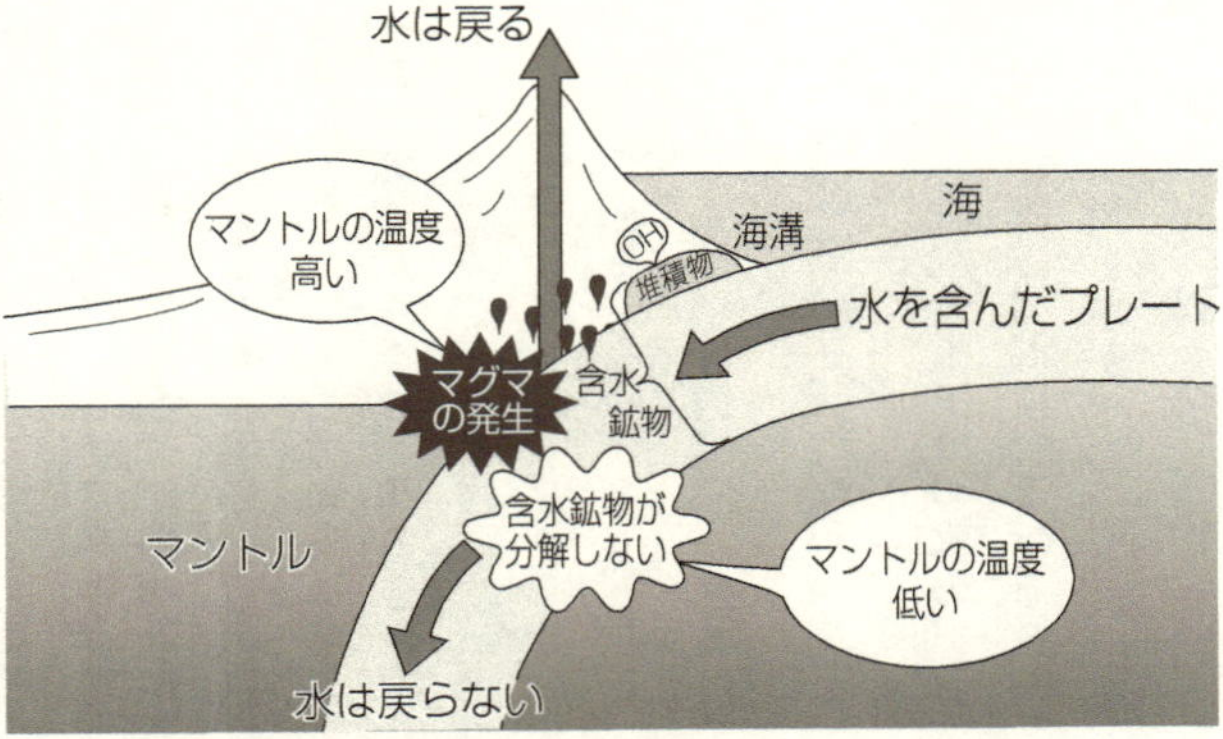

図4－1　地表に戻る水と戻らない水

誕生したときは、多数の隕石の衝突によって地球は高温でした。しかし、その熱は火山活動によって宇宙空間にどんどん放出され、地球は徐々に冷却されていきました。それでも地球が凍りついてしまわなかったのは、二酸化炭素の温室効果もありますが、内部から暖められていたことが重要な要因でした。その熱源は、第1部で述べた地球自身がもつ放射性元素の崩壊熱です。ウラン、トリウム、カリウムなどの放射性元素は、半減期にしたがって放射性崩壊を繰り返し、熱を放出しています。このような元素がなくならないかぎり、地球は内部から暖められているのです。

しかし、今後も同じ状況が長く続くことはないでしょう。ウランは地球が誕生してから、ほぼその半分の量になっています。ウランの半減期はおよそ45億年だからです。トリウムの半減期は140・5億年と長いものの、それでも地球ができたときに比べればかなり減っています。半減期12・5億年のカリウムに至っては、もはや4分の1以下に減っています。時間がたてばたつほど、地球を暖める熱源は心もとなくなっていくのです。つまり、地球の温度は少しずつ下がっているようです。

地球が冷えていくと、何が起こるのでしょうか。

マントルの温度が下がると、含水鉱物はそれまで分解していた深さでも安定したままになり、もっと地下深くにまで沈まなければ分解しなくなります。たとえばプレートをつくる玄武岩の中にたくさん含まれている斜長石という鉱物は、水（OH）を含むとローソン石という含水鉱物になります。ローソン石は約650℃で分解し、水を放出します。ところが、マントルが冷えていっているために、ローソン石がこの温度に達する地点はどんどん深くなっていっているようなのです。さらにマントルが冷えていけばいずれは、ローソン石はその中に水を含んだまま、分解しなくなってしまうでしょう。ついに水はマグマをつくって地表へ戻ることができなくなってしまうのです。

このようにして地下と地表での水の循環が絶たれ、地下のマントルの中に水がどんどん閉じ込められ、やがてはすべての海水が地下深くに没してしまうのではないかと予想されるのです。これが、海の終焉のシナリオです。一説には、いまから約10億年後にはそのときが来るともいわれています。それくらい、この予測には現実味があるのです。

過去にもあった「危機」

東京工業大学の丸山茂徳《しげのり》教授らによれば、地球には過去にも何度か、海水が大きく減少した時期があったそうです。たとえば約7億5000万年前には、海水がマントルに大々的に注入されたことがあったといいます。丸山教授らはこれを、マントルへの海水の「逆流」といっています。

逆流によってマントルに水が入り海水が減少すると、海面が下がります。すると陸地が増えて、それを削剝する河川が成長し、土砂などの陸上の堆積物が大量に海へもたらされます。その結果、陸上にあった有機物が土砂に埋積されて酸素による分解が妨げられるため、独立した状態の酸素がどんどん増えていきます。そのため生物がどんどん大型になっていき、地球を席巻するまでになったと丸山教授らは考えています。なんとなく風が吹けば桶屋が儲かる話のようです。

ただ、この海水の減少はある時点までで止まったようです。その原因はやはり、マグマの活動だったと考えられています。地下のより深くから大量のマグマが上がってくることによって、マントルの温度が上がり、水は水蒸気となって、地表に戻っていったとみられています。

しかし、このさき地球の熱源が冷えてしまえば、もうそのような海の復活が起こることはないでしょう。海が消えれば雨が降らなくなり、陸上の水もやがて枯渇していきます。地球はその表面に水をもたない惑星になっていくのです。

Ⅱ　海が消えた星

「将来の地球」に似た惑星

海が消えた地球は、どのような星になるのでしょう。もはや、生物の生存は望めません。おそらくそれは、火星のような星であろうと想像できます。

地球の一つ外側の軌道を回る火星は、地球の半分くらいの大きさの惑星です。その赤道あたりには長さ約４０００㎞、最大幅は約２００㎞という巨大なマリネリス峡谷があり、19世紀末にこれを望遠鏡で発見したパーシバル・ローウェルが「火星には運河がある」と唱えたことから一時期、火星人の存在をめぐって大いに議論が盛り上がりました。やがて探査機による詳細な観測が進み、火星人存在説は葬り去られましたが、一方では最近の探査の結果、火星の地表にはかつて水が流れていたことは、ほとんど疑いのない事実となっています。水によって運ばれた堆積物や、「バレーネットワーク」や「アウトフローチャンネル」と呼ばれる、30億～40億年前に水の流れた跡などが発見されているのです。また、火星には太古の時代にプレートテクトニクスがあったという考えもあります。

　火星から飛来したと考えられる「ＬＨ８４００１」という隕石の中に、生命の痕跡があるのではないかと話題になったのは１９９６年のことでした。ＳＦ小説に出てくる火星人のような知的生命体ではなくても、火星になんらかの生命が存在するかどうかは現在でも議論の的になっていて、その可能性は否定しきれません。生命の探索は火星探査機の大きな使命のひとつとなっているのです。

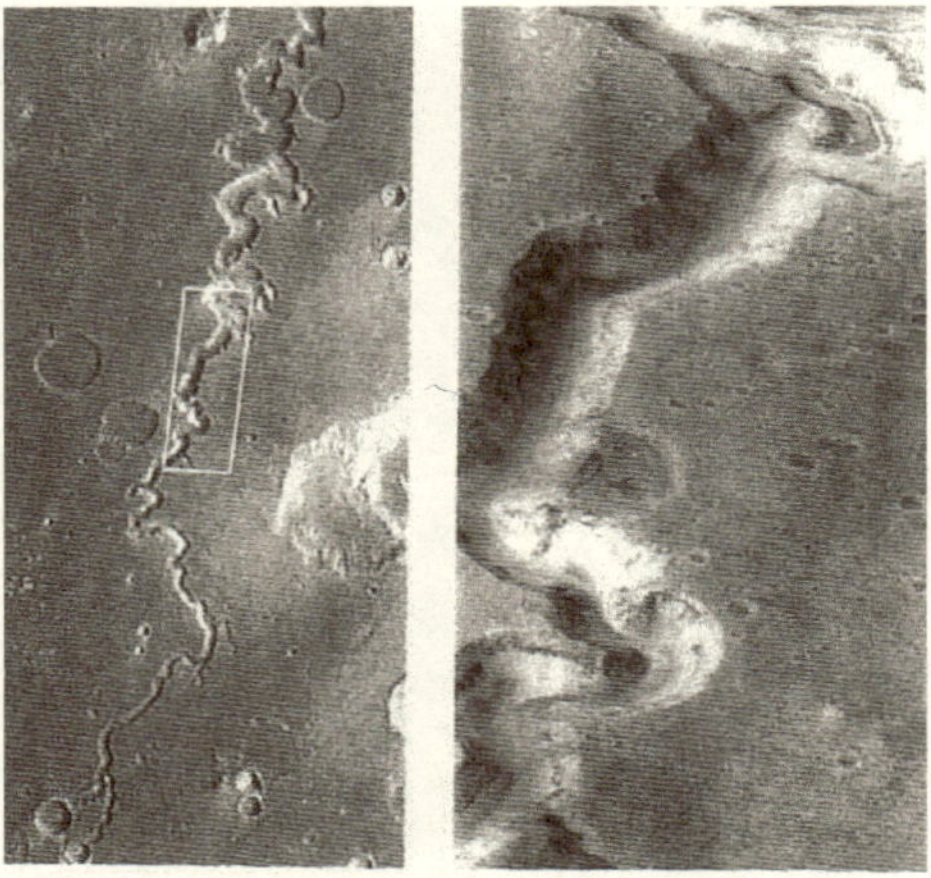

図４－２　火星に水があった証拠「バレーネットワーク」　右は左の囲みの部分の拡大写真　©NASA

では、かつての火星にあった水は、いったいどこへ消えてしまったのでしょうか。火星の大きさが地球の半分くらいしかないために重力が小さく、水蒸気が徐々に宇宙へ逃げ出していったという考えもありますが、正解ではなさそうです。

火星の構造は地球とよく似ていて、マントルと核に相当するものがあることが知られています。マントルは地球と同じかんらん岩からできています。火星の水は、地球の水が減っていくのと同じシナリオをたどって、徐々にその内部へ、マントルへともたらされ、閉じ込められてしまったと考えられているのです。したがって、火星の内部には現在も水が存在している可能性は大きいとみられています。

つまり火星こそは、将来の地球の姿かもしれないのです。水がなくなった地球は、徐々に砂漠のような気候になっていくでしょう。温度差が大きくなり、極端に寒い地域と極端に暑い地域ができていきます。やがて植物が死滅し、光合成による酸素の供給がとだえるために二酸化炭素の多い、火星や金星のような大気となっていくでしょう。そして、おそらくはわたしたち人間もその星に生きていることはできないでしょう。

実際に、そのようにして滅びた文明が宇宙のどこかにはあるのかもしれません。

本当におそろしいシナリオ

海が消滅するという戦慄すべきシナリオが将来、現実のものになる可能性は小さくありません。しかし、それまでに人類には10億年ほどの時間があります。その間にまだ人類が存続していれば、何か別のものから水を取り出す技術を開発しているかもしれません。大量の水を生産することができれば、海がなくならずにすむ希望がもてます。ぜひとも、そのような研究に取り組んでほしいものです。

ただし、かりに海を救うことができたとしても、絶対に避けようのないさらなる災厄がいずれ襲ってきます。地球の終焉です。

太陽はその内部で核融合反応によって、水素からヘリウムを合成しています。やがて水素はすべて使い果たされます。そのとき太陽は赤色巨星となって現在の1000倍にも膨れ上がり、その温度は1万℃以上にもなります。おそるべき巨大な火の玉は、そのすぐ外側を回る水星を飲み込みます。哀れな水星は溶かされて、太陽の一部になります。次には金星が、水星と同様の運命をたどります。そして、とうとう地球にも、その順番が回ってくるのです。

これがもっとも現実的な地球の最後のシナリオです。それはいまから50億年ほど先のことだろうといわれています。

しかし、わたしたちの子孫がまだ人類として生きていたならば、この危機さえも高度な技術によって乗り切れるかもしれません。どこかの星へ移住するか、地球自身を別の軌道へ移動させるようなことが可能になっているかもしれません。太陽からの恵みを失っても、生きながらえるすべを身につけているかもしれません。現在の科学技術が、そのような方向に生かされるものに発展していることを切に願います。

もっとも、現実にいまわたしたち人類がおかれている状況は、そんな気の遠くなるような未来の心配をしている場合ではないかもしれないのです。

ユネスコと国際地質科学連合は２００８年から２０１０年までを「国際惑星地球年」と定め、地球と人類の持続可能な未来を模索するための10の主要な項目を掲げました。その中には、海洋や地球内部の開発も含まれていました。そこで問題視されたのが、人類自身が原因となっている「水の枯渇」でした。地球温暖化などを通じて世界中の水が枯渇する可能性があるため、海洋や地下水の研究を通して水を得る技術の開発に取り組むとともに、人類がみずから地球環境の破綻を招かないよう、地球科学についての啓蒙をはかることが重要であることが確認されたのです。

海も、地球も、いずれは終焉を迎えます。それは避けようのない宇宙の摂理です。しかし、わたしたちがみずからの手で、海を、地球を死に追いやるようなことがあってはなりません。第２部の終わりで、人類がこれまでに海や地球にしてきた営みは取るに足らないと述べましたが、将来のことは未知数です。

いくつもの奇跡によって誕生し、進化をとげてきた太陽系唯一の「水の惑星」、海の恵みによって無数の命が生を謳歌するこの星を、地球カレンダーの「最後の23分」に現れたにすぎないわたしたちが破壊してしまう――そのことのほうが、さきにあげた海や地球の終焉のシナリオよりも、よほどおそろしいことに私には思えます。

おわりに

ブルーバックスの前著でテーマにした「山」よりもさらに大きな「海」という対象を描くにあたり、大気や陸、そして生命との「共進化」というキーワードを手がかりにして、46億年の歴史を振り返ってみました。いくつもの事件がありましたが、それらは、海が現在のような海になるために予定調和的に起きたことではありません。そして、いったん起きてしまえば決して後戻りはできない、不可逆過程なのです。そう考えながらこの壮大な歴史を見ていくと、スノーボールアースや超大陸の形成・分裂、生物の大量絶滅や海洋無酸素事件など、これだけの激動を経てきた海が、なにごともなかったように現在の姿で存在していることが、なんとも不思議に思えてきます。

最後は海の終焉のシナリオというさびしい話になってしまいましたが、海に魅せられ、半生を海の研究に捧げてきた者として、これからも未来永劫、海がわたしたちに大いなる恵みを与えつづけてくれることを希望してやみません。

海について書かれた、私が大変印象に残っている本が3冊あります（年代は原著刊行の年）。レイチェル・カーソンの『われらをめぐる海（The sea around us）』（1951年）、シルヴィア・A・アールの『シルヴィアの海（SEA CHANGE A MESSAGE OF THE OCEANS）』（1

955年)、そしてシンディ・ヴァン・ドーヴァーの『深海の庭園（The Octopus's Garden)』(1996年)、奇しくも、いずれも米国の女性研究者によって書かれたものです。どれも原著で読んだのですが、とくにシンディからは直接、本をもらう幸運に浴しました。

『われらをめぐる海』は海洋全般について深く洞察しています。『シルヴィアの海』は海に関わった自身の体験記で、『深海の庭園』は深海での体験と海洋生物についての解説です。いずれ劣らぬ名著ですので、海についてもっと知りたい方はぜひ読んでみてください。

しかし、私が海に魅了され、研究を始めるにいたったのは、これらのような本を読んだからではなく、ずっと昔に観た映画がきっかけでした。

私が卒業した京都市の北白川小学校では、映画の団体鑑賞という授業がありました。そのときに観た2本の作品が、ジャック＝イブ・クストーとルイ・マルが監督した「沈黙の世界」と、ジュール・ベルヌの原作をディズニーが映画化した「海底二万哩《マイル》」でした。

「沈黙の世界」は無声の記録映画です。その中に、水中スクーターにつかまって、アフリカとアラビア半島の間にある紅海の中を見ていく場面がありました。紅海とは赤い渦鞭毛藻《うずべんもうそう》というプランクトンが発生することからその名がある海で、サンゴやそれに付随する植物や魚類などが次々と現れるさまに、小さな子どもだった私は感動したものでした。

「海底二万哩」はご存じの方も多いでしょう。人間社会がいやになって原子力潜水艦ノーチラス号に乗り込んだネモ船長が、生物学者アロナクス教授とその助手のコンセーユ、そして銛《もり》打ちのランドとともに世界中の深海を旅して、さまざまな事件に遭遇する話です。１８６０年代にあのようなSF作品がつくられたというのは、驚くべきことです。

あまりにも昔に観た映画なので、もう作品自体の記憶はどちらもおぼろげになっていますが、この経験が私の進路を決め、「しんかい６５００」の乗船回数レコード（51回）をつくるなど、海を生涯の仕事場にすることになったのですから、すばらしい団体鑑賞だったといえるのではないでしょうか。

ところで、海と私にはもうひとつ、「縁」があったことに最近気づきました。私の家内はいわゆる「雨女」で、一緒に旅行に出かけるとなぜかいつも雨が降るのです。ときには想像もしなかった大雨になることもあります。この本を書いている途中で、その理由がわかった気がしました。彼女の誕生日は2月9日です。つまり「海ができた日」に生まれたのです。

この本を書くにあたって、多くの方々にお世話になりました。友人で作家の藤崎慎吾氏にはこの本を書くことを強く勧められました。生命の星・地球博物館の平田大二氏、珪藻ミニラボの秋葉文雄氏には原稿の段階から多くの指摘をいただきました。海洋研究開発機構の萱場うい子氏には原稿のさまざまな段階で読者としての視点から有益なご意見をいただきました。岡山大学の千葉仁教授と茨城大学の伊藤孝教授には原稿の不備を訂正していただきました。また、生命の星・

地球博物館の新井田秀一氏には海底の地形図や断面図を作成していただきました。

最後に講談社ブルーバックス出版部の山岸浩史副部長は原稿の遅い筆者を叱咤激励していただき、まとまりのない原稿を読みやすいものに改善していただきました。これらの方々に感謝いたします。

参考図書

レイチェル・カーソン、日下実男訳　1977年『われらをめぐる海』早川書房
クストー、日下実男訳　1977年『世界の海底に挑む』朝日新聞社
シンディ・ヴァン・ドーバー、西田美緒子訳　『深海の庭園』草思社
シルビア・アール、西田美緒子訳　1977年『シルビアの海』三田出版会
リチャード・フォーティ、渡辺政隆訳　2003年『生命40億年全史』草思社
リチャード・フォーティ、渡辺政隆／野中香方子訳　2009年『地球46億年全史』草思社
藤岡換太郎　1997年『深海底の科学　日本列島を潜ってみれば』NHKブックス
藤岡換太郎編著　2010年『海の科学がわかる本』成山堂
池田清彦　2010年『38億年生物進化の旅』新潮社
稲田浩二編　1999年『日本の昔話』ちくま学芸文庫
掛川武／海保邦夫　2011年『地球と生命―地球環境と生物圏進化―』共立出版
川幡穂高　2011年『地球表層環境の進化　先カンブリア時代から近未来まで』東京大学出版会
川上喜代四　1980年『自然の博物誌』NHKブックス
川上紳一／東條文治　2006年『図解入門　最新地球史がよくわかる本「生命の星」誕生から未来まで』秀和システム
日下実男　1970年『大深海10000メートルへ』偕成社
日下実男　1970年『驚異の大深海』SANPOBOOKS
丸山茂徳／磯崎行雄　1998年『生命と地球の歴史』岩波新書
道田　豊／小田巻実／八島邦夫／加藤　茂　2008年『海のなんでも小事典　潮の満ち引きから海底地形まで』講談社ブルーバックス
日本海洋学会編　1991年『海と地球環境　海洋学の最前線』東京大学出版会

日本海洋学会編　2001年『海と環境　海が変わると地球が変わる』講談社サイエンティフィック
大河内直彦　2008年『チェンジング・ブルー　―気候変動の謎に迫る―』岩波書店
J・ピカール／R・S・ディーツ、佐々木忠義訳　1962年『一万一千メートルの深海を行く―バチスカーフの記録』角川書店
ウィリアム・ルーベイ／L・V・バークナー／L・C・マーシャル、竹内均訳　1976年『海水と大気の起源』講談社
ウィリアム・ライアン・ウォルター・ピットマン、戸田裕之訳　2003年『ノアの洪水』集英社
佐々木忠義編　1981年『海と人間』岩波ジュニア新書
フランク・シェッツィング、鹿沼博史訳　2007年『知られざる宇宙　海の中のタイムトラベル』大槻書店
関　文威／小池勲夫編　1991年『海に何がおこっているか』岩波ジュニア新書
田近英一　2009年『地球環境46億年の大変動』化学同人
田近英一　2011年『大気の進化46億年　酸素と二酸化炭素の不思議な関係』技術評論社
富山和子　2009年『海は生きている』講談社
東京大学海洋研究所編　1997年『海洋のしくみ』日本実業出版社
宇田道隆　1969年『海』岩波新書
宇田道隆　1978年『海洋研究発達史　海洋科学基礎講座　補巻』東海大学出版会
海の話編集グループ　1984年『海の話I―V』技報道出版
ガブリエリ・ウォーカー、渡海圭子訳　2008年『大気の海』早川書房
ジョン・ウッド、竹内　均訳　1970年『惑星の起源　隕石からのアプローチ』講談社ブルーバックス
ジュール・ベルヌ、朝比奈美知子訳　2007年『海底二万里』岩波文庫
ティアート・H／ファン・アンデル、水野篤行／川幡穂高訳　1994年『海の自然史』築地書館

さくいん

【さ行】

【た行】

【な行】

【は行】

【ま行】

N.D.C.450　205p　18cm

ブルーバックス　B-1804

海《うみ》はどうしてできたのか
壮大なスケールの地球進化史

2013年２月20日　第１刷発行
2025年４月３日　第９刷発行

著者　藤岡換《ふじおかかん》太郎《たろう》
発行者　篠木和久
発行所　株式会社講談社
〒112-8001 東京都文京区音羽2-12-21
電話　出版　03-5395-3524
販売　03-5395-5817
業務　03-5395-3615
印刷所　（本文表紙印刷）株式会社ＫＰＳプロダクツ
（カバー印刷）信毎書籍印刷株式会社
製本所　株式会社ＫＰＳプロダクツ

定価はカバーに表示してあります。

ISBN978−4−06−257804−2

発刊のことば

科学をあなたのポケットに

二十世紀最大の特色は、それが科学時代であるということです。科学は日に日に進歩を続け、止まるところを知りません。ひと昔前の夢物語もどんどん現実化しており、今やわれわれの生活のすべてが、科学によってゆり動かされているといっても過言ではないでしょう。

そのような背景を考えれば、学者や学生はもちろん、産業人も、セールスマンも、ジャーナリストも、家庭の主婦も、みんなが科学を知らなければ、時代の流れに逆らうことになるでしょう。

ブルーバックス発刊の意義と必然性はそこにあります。このシリーズは、読む人に科学的に物を考える習慣と、科学的に物を見る目を養っていただくことを最大の目標にしています。そのためには、単に原理や法則の解説に終始するのではなくて、政治や経済など、社会科学や人文科学にも関連させて、広い視野から問題を追究していきます。科学はむずかしいという先入観を改める表現と構成、それも類書にないブルーバックスの特色であると信じます。

一九六三年九月

野間省一